U0149945

艺 术 体 育
高校学术研究论著丛刊

交互设计的宏观理论与细分领域研究

霍慧煜　著

中国书籍出版社
China Book Press

图书在版编目（CIP）数据

交互设计的宏观理论与细分领域研究 / 霍慧煜著 . --
北京：中国书籍出版社，2020.12
ISBN 978-7-5068-8212-5

Ⅰ.①交…　Ⅱ.①霍…　Ⅲ.①人－机系统－系统设计
－研究　Ⅳ.① TP11

中国版本图书馆 CIP 数据核字（2020）第 248193 号

交互设计的宏观理论与细分领域研究

霍慧煜　著

丛书策划	谭　鹏　武　斌	
责任编辑	成晓春	
责任印制	孙马飞　马　芝	
封面设计	东方美迪	
出版发行	中国书籍出版社	
地　　址	北京市丰台区三路居路 97 号（邮编：100073）	
电　　话	（010）52257143（总编室）　　　（010）52257140（发行部）	
电子邮箱	eo@chinabp.com.cn	
经　　销	全国新华书店	
印　　厂	三河市德贤弘印务有限公司	
开　　本	710 毫米 × 1000 毫米　1/16	
字　　数	245 千字	
印　　张	17.25	
版　　次	2023 年 1 月第 1 版	
印　　次	2023 年 1 月第 1 次印刷	
书　　号	ISBN 978-7-5068-8212-5	
定　　价	84.00 元	

目　录

第一章　交互设计理论基础 ……………………………… 1

第一节　何为"交互设计" ………………………… 1

第二节　交互设计行业概述 ……………………… 3

第三节　交互设计的发展历史 …………………… 8

第四节　交互设计的原则与目标 ………………… 14

第五节　交互设计与相关学科 …………………… 18

第二章　交互设计的行为、方法与创新 ……………… 31

第一节　交互设计的行为与方法 ………………… 31

第二节　交互设计的创新与优化 ………………… 46

第三节　体验创新：人机交互技术 ……………… 56

第四节　创新性思维方法与运用 ………………… 58

第三章　交互设计的流程 ………………………………… 69

第一节　确定设计目标 …………………………… 69

第二节　任务流程梳理 …………………………… 77

第三节　信息架构设计 …………………………… 84

第四节　关键页面绘制 …………………………… 90

第四章　交互设计中的原型设计与模式应用 ………… 115

第一节　交互设计中的原型设计 ………………… 115

第二节　交互设计模式及其应用 ………………… 132

第五章　交互设计中的视觉元素设计 ………………… 143

第一节　文字的视觉传达与设计 ………………… 143

第二节　图形的视觉传达与设计…………………… 155

第三节　色彩的视觉传达与设计…………………… 162

第四节　网格的视觉传达与设计…………………… 174

第六章　交互设计细分领域应用实践………………… 191

第一节　网络广告交互设计………………………… 191

第二节　网站交互设计……………………………… 201

第三节　人机交互动画设计………………………… 207

第四节　交互式包装设计…………………………… 224

第七章　交互设计创新研究及未来发展…………… 238

第一节　交互设计研究的现状分析………………… 238

第二节　基于不同终端的设计创新研究…………… 245

第三节　交互设计的未来发展……………………… 262

参考文献………………………………………………… 264

第一章 交互设计理论基础

交互设计的目的是解决用户在使用产品过程中遇到的可用性障碍,使产品更符合用户的使用习惯。在当今社会,受用户青睐的产品除了拥有好看的外观,还需要流畅和舒适的操作体验。对于设计师来说,这样才可以获得更大的商业成就。

第一节 何为"交互设计"

交互设计(inteactiondesign, IxD),被定义为"对于交互式数字产品、环境、系统和服务的设计"。交互设计定义人造物的行为方式,即人工制品在特定场景下的反应。

20世纪80年代,第一台笔记本电脑"Grid Compass"的设计者、IDEO设计公司的创始人比尔·莫格里吉(Bill Moggridge)提出了"交互设计"概念,并把它定义为对产品的使用行为、任务流程和信息架构的设计,以实现技术的可用性、可读性以及愉悦感。他认识到设计师日益面对一个新的挑战:"当电子技术开始取代机械的控制系统,为了创造令人愉悦的产品,在交互中获得如外观一样的审美享受,设计师需要去了解如何设计软件和硬件,如同设计一个实物……这将是创建一个新的设计学科的机会,该学科将专注于在一个虚拟的世界里创造富于想象力与魅力的解决方案,去设计它们的行为、动画与音调如同设计它们的形状。"

大卫·凯利(David Kelley)认为交互设计是"运用你的技术知识,为了让它变得对人们更加有用,去取悦某人,让某人在使用某项新技术时感到激动，我想交互设计是关于如何让技术更加适应人"。

麦卡拉·麦克·威廉姆（McAra-MWilliam）交互设计领域的先行者之一，更强调交互中人的主体地位以及系统的易于学习，他说："交互设计师需要理解人，理解他们如何体验事物，如何无师自通，如何学习。"

最初一些设计师被召唤去加入程序员构成的团队，是为了美化一个软件或硬件的皮肤，为早就规划好了的软件或硬件设计界面外观。一个有表现力和吸引力的界面是交互设计工作的重要组成部分。但也应该认识到，这种合作方式使得设计师对很多整体上"设计"的缺陷无法纠正。设计师应该从全局性的"建筑空间规划阶段"参与整个项目，交互设计不应该只是最后表面涂装的工作（虽然这也很重要）。

设计师米歇尔·卡珀（Mitchell Kapor）1991年在《Dr.Dobbs Journal》上发表了《软件设计宣言》，认为需要把软件设计看作一种职业，而不是产品经理或者程序员的附带工作。他将软件设计与软件编程的差别类比为建筑师和工程师之间的差异。设计和修建建筑，首先要找建筑师，而不是工程师。建筑师是一种专门职业，负责从建筑、环境和人的关系角度对空间进行规划。

不仅在设计领域，在计算机、软件工程、心理学和工业工程等领域，越来越多的研究者也开始认识到设计思维的重要。维诺格兰德（Winograd，1996）一直倡导设计导向的人机交互研究，他在斯坦福创造性地开设了软件设计课程，他说："我们的目标是通过研究广阔视野中的设计来提高软件设计的实践性，并探索如何将来自于设计各方面的经验教训应用到软件中……软件设计是一个面向用户的领域，因此与建筑学和平面设计类似，这样的学科总会有其因人而异的开放性，而不像工程类学科那样一丝不苟的公式化、确定化。"

决定了交互设计属于设计领域而非科学或工程的关键在于它是综合性的，描绘的是事物可能的样子，而非重点在于研究事

物的工作原理 [库珀(Cooper,2007)]。人机交互的原理随着研究的深入会变得越来越简明扼要,但无限的创意产生于不同的应用场景和需求。即使针对相同的应用需求,具体的信息传达方式亦有相当的"可塑性"。无论是硬件还是软件,它很多时候既可以这样,也可以那样设计,这是交互设计的难点,同时也是交互中"设计"存在的理由。正确的设计思维和工作方法可以使产品市场成功的概率大大增加。

交互设计应该关注交互系统如何在宏观和微观层面改变人们的行为和生活方式。按照维诺格兰德的说法:"现在我们不再要求设计师去设计一个花瓶,而是去设计一种欣赏鲜花的方式,一种体验的过程,这种方式必须是与人们的生活方式相结合的。"交互设计需要考虑文化适应性,一些交互设计项目从根本上颠覆现状,尝试超越现有需求,满足潜藏的需要,通过一些新鲜事物的引进,转变当前生活状态,创造符合人性、令人向往的生活和行为方式;而另一些则逐步地优化现有的系统和做法,力求更好地适应当前使用环境、使用者特征和生活习惯。

因此,交互设计不仅需要对产品的行为进行定义,还包括对用户认知和行为规律的研究,一个好的交互设计本质上像一个成功的行为学实验。

第二节　交互设计行业概述

一、2007—2017 年国内科技巨头用户体验从业人员

2007—2017 年国内科技巨头用户体验从业人员主要表现在以下几个方面。

（1）73% 的用户体验从业人员在互联网、高科技公司就职。

（2）从 2007—2012 年苹果手机 iPhone 发布,智能手机问世,手机 App 的出现,微博等产品开始出现,交互设计开始逐步被重

视,交互设计师从业人数呈现第一个阶段的小跳跃;2012—2015年,随着智能手机的普及,微信、支付宝等明星产品的普及,应用从网页向移动端迁移,大量 App 涌现,创业风潮涌动,交互设计师的需求呈现又一个阶段的突飞猛进。

（3）从 2015—2017 年,由于目前市场已经百花齐放,暂时处于用螺旋上升的一个缓期,人数没有太大变化(但是由于华为手机的市场占有率不断突破,对交互设计师的需求也在增加)。

（4）从十年的人数变化,我们看到,交互设计师的多少与市场 / 新技术紧密相关,在未来,人工智能以及 VR、AI 产品的技术不断成熟,我们可以预测到新一轮交互人员需求的增长。图 1-1 为 2007—2017 十年间从业人数变化图。

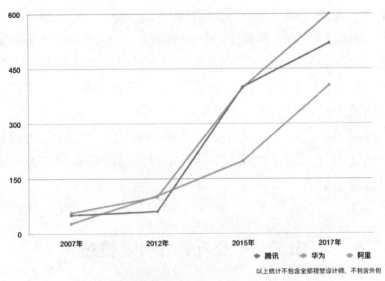

图 1-1　2007—2017 十年间从业人数变化图

二、十年从业人员专业背景变化

十年从业人员专业背景变化主要表现在以下几个方面:
（1）早期的设计人员很多由开发人员转岗,因此计算机类、机械类、甚至光电都占了很大一部分比例。
（2）工业设计、专业美术类的比例在极速增加,和大家对审美诉求,以及和下游的视觉对接融合都有关系。

（3）设计类的专业细化越来越明显。

（4）由于用户体验的热门,其他类的专业背景参与度也越来越高,包括心理学、文学、哲学、数学、电子商务、新闻、建筑设计等。

图 1-2、图 1-3 分别为 2007、2017 年专业比例图。

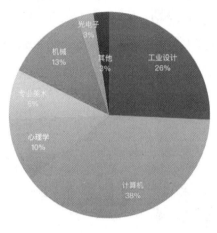

图 1-2　2007 年专业比例图

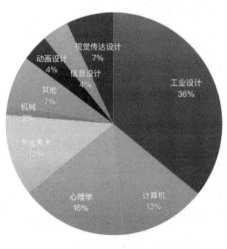

图 1-3　2017 年专业比例图

三、交互行业组织概况

（一）UXPA 中国

UXPA 中国（User eXperience Professional Association）的前身是 UPA 中国（Usability Professionals Association）成立于2004 年。UPA 中国是中国本土的第一个非营利性可用性组织，2012 年正式更名为"UXPA 中国"。每年举办《用户体验设计大赛》。网址：http://www.upachina.org/。

图 1-4　UXPA 中国

（二）交互设计专业委员会

交互设计专业委员会，中文全称"广东省工业设计协会交互设计专业委员会"，英文全称"Interaction eXperience Design Committee"，简称"IXDC"。每年 12 月都会举行《国际体验设计大会》。网址：https://ixdc.org/。

IXDC 是一家在 2010 年成立的社会组织，由广州美术学院设计学院、香港理工大学设计学院、网易、腾讯、华为、中国电信、中国移动、金山等单位联合发起，向社会推广体验创新价值的理念是首要职责，搭建展示和交流的国际平台是其重要任务。

IXDC 工作宗旨在于以下几方面：

（1）提倡应用体验设计为企业和社会创造价值。

（2）推广和表扬杰出的体验设计及人物。

（3）教育相关的专业人员和社会大众，提升其专业能力与创新思维。

图 1-5 交互设计专业委员会

（三）中国用户体验联盟

中国用户体验联盟，英文全称"User eXperience Alliance China"，缩写"UXACN"。网址：http：//www.uxacn.com/index.html。

该联盟是由积极投身于用户体验事业，从事用户体验研究开发、生产制造、应用服务、教学科研的企事业单位、大专院校、科研机构及其他相关机构自愿组成的非营利性组织；是围绕用户体验产业链相关知识、技术、产品、解决方案、运营和服务，开展联合研发设计、教学培训、推广应用、行业标准化、产业链建设等工作的行业性、非营利性联盟。

图 1-6 中国用户体验联盟

第三节　交互设计的发展历史

虽然交互设计是由IDEO创始人比尔·莫格里吉最早命名的，但交互设计的思想在很早以前就存在了。例如，在我们中国历史上，守卫长城的士兵在发现敌人入侵的时候燃起长城烽火台（图1-7）上的烽火，作为敌人入侵的信号，在那个时代实现了士兵之间远距离的通信交流；凯尔特人和因纽特人将堆砌的石堆，称为"石冢"，并将其作为地界标志，使其成为人类跨越历史长河的交流证据。

图1-7　长城烽火台[①]

交互设计被真正作为研究对象应该是在计算机出现之后。交互设计在计算机初期还是一门比较冷门的学科，直到一些新的技术出现，交互设计才真正开辟了属于自己的历史篇章。为了更好地理解交互的概念，把握交互的历史脉络，我们将从在设计中的最早应用开始讲起。

一、前计算机时代阶段

在前计算机时代阶段，设计师追求适合使用，易于使用，易于

---

① 图片来源：http://3g.xici.net/iche/item-176609.html

控制，且能够保存长久的材料。

在计算机之前，没有"交互设计"，我们所追求的大多数产品的质量是通过产品使用年限来衡量的，使用得越久则质量越好。在这一阶段，产品主要通过下面几点来评判：

（1）有用。

（2）可用。

（3）令人满意的。

（4）能够负担得起。

（5）复杂程度在承受范围之内。

（6）有一定的风格。

对于这一阶段，总体而言，在使用过程中，能满足人们的需求，且能很好地配合的产品都是比较好的产品。

二、萌芽阶段（20 世纪 40 年代—20 世纪 60 年代）

在这一阶段出现的计算机 ENIAC（图 1-8）不能称为设计出来的，应该说是由一群工程师构造出来的。工程师们通过建造更大的机器来获得更快的运算速度，而没有考虑计算机易用性这一因素。为了使用这些机器，人们需要去适应它们，而不是它们来适应人类，这样人类必须说机器能懂的语言，人类被看作是生产系统的组成部分。将内容输入计算机 ENIAC，需要花费好几天的时间来连接各种电线，而将内容输入下一代的计算机，需要花费数小时准备供计算机读取内容的穿孔卡片和纸带，当然这些纸片也是界面。

ENIAC，全称为 Electronic Numerical Integrator And Computer，即电子数字积分计算机。ENIAC 是世界上第一台通用计算机，也是继 ABC（阿塔纳索夫 - 贝瑞计算机）之后的第二台电子计算机。其基本参数如下：

（1）电子管：18800 只。

（2）电阻：70000 个。

（3）电容：10000 只。

（4）续电器：1500 个。

（5）耗电：140 千瓦 / 小时。

（6）占地：170 平方米。

（7）质量：30 吨。

（8）速度：5000 次 / 秒。

图 1-8　世界上第一台通用计算机 ENIAC①

穿孔卡片是一种由薄纸板制成，用孔洞位置或其组合表示信息，通过穿孔或轧口方式记录和存储信息的方形卡片。它是手工检索和机械化情报检索系统的重要工具。

三、初期阶段（20 世纪 60 年代—20 世纪 70 年代）

随着计算机性能越来越强大，20 世纪 60 年代，工程师开始关注使用计算机的人，并且设计新的输入方法和新的机器使用方法。在这一阶段，开始出现控制面板，允许输入比较复杂的数据，但还需要与卡片进行配合来完成任务（批处理）；输入设备也有了很大的改进，GUI 图形界面开始得到应用。

---

① 图片来源：http://www.sunny2008.cn/eniac/

1959年，美国学者B.沙克尔（B.Shackel）发表了人机界面的第一篇文献《关于计算机控制台设计的人机工程学》。

1960年，里克里德·JCK（LikliderJCK）首次提出"人际紧密共栖"的概念，人际紧密共栖被视为人机界面的启蒙观点。

1962年，麻省理工学院的学生史蒂夫·罗素（Steve Russell）和他的几位同学一起设计出了一款双人射击游戏——SpaceWar。SpaceWar是世界上第一款真正意义上、可娱乐性质的电子游戏。它比世界上第一款电子游戏"TENNIS FOR TWO"晚4年出现于计算机上。该游戏的规则非常简单，它通过阴极射线管显示器来显示画面并模拟了一个包含各种星球的宇宙空间。在这个空间里，重力（引力）、加速度、惯性等物理特性一应俱全，而玩家可以用各种武器击毁对方的太空船，但要避免碰撞星球。

1965年，美国DEC公司研制成功第一台集成电路计算机PDP-8，其内部结构在控件中可以被看得一清二楚。PDP-8是八进制的计算机。

1969年，召开了第一次人机系统国际大会，同年第一份专业杂志《国际人际研究 UMMS》创刊。

四、奠基阶段（20 世纪 70 年代—20 世纪 80 年代）

这一阶段，人机工程学取得了较大的发展，相关理论为交互设计提供了理论基础。而研究机构的参与促进了商业化的进程，推进了交互设计的发展。这一阶段主要有两大重要事件：

（1）从1970年到1973年，学术界出版了四本与计算机相关的人机工程学专著，为人机交互界面指明了方向。

（2）1970年成立了两个HCI（人机界面）研究中心：一个是英国的Loughboough大学的HUSAT研究中心；另一个是美国Xerox公司的Palo Alto研究中心。

五、发展阶段（20世纪80年代—20世纪90年代末）

经过了前几个阶段的积累，能处理很多工作任务的个人计算机开始受到重视。个人计算机的流行推动了图形界面（Graphic Use Rinterface），即 GUI 的发展。真正商业化是从苹果的 Lisa 和 Macintosh 开始的，也包括微软的 Windows。GUI 的出现使人和计算机之间的交互过程变得简单而又有趣，而这一模式也将成为后来 20 多年的交互方式的主流。GUI 中最重要的模式是 WIMP，即窗口（windows）、图标（icon）、菜单（menu）与指示（pointer）组成的图形界面系统，系统也包括一些其他的元素如栏（bar）、按钮（button）等。开始强调用户在开发过程的重要性。

Apple Lisa 是全球首款同时采用图形用户界面（GUI）和鼠标的个人计算机。Lisa 是一款具有划时代意义的计算机，可以说没有 Lisa 就没有 Macintosh（在 Mac 的开发早期，很多系统软件都是在 Lisa 上设计的）。它具有 16 位 CPU、鼠标、硬盘，以及支持图形用户界面和多任务的操作系统。（图 1-9）

图 1-9　Apple Lisa

Macintosh 128K 是第一台真正意义上的 Mac 电脑，在 1984 年的插播广告中首次亮相，令人眼前一亮。它搭载 9 英寸（1 英

寸 =2.54 厘米）屏幕、128 KBRAM、3.5 英寸软驱以及 MacOS1.0，突出易用性、消费化理念，使其在消费市场中获得广泛好评，加速了个人计算机发展。（图 1-10）

图 1-10　Macintosh 128K

在这一阶段，在理论方面，学术界相继出版了 6 本专著，对交互设计最新的研究成果进行了总结。人机交互设计学科形成了自己的理论体系和实践范畴的架构，从人机工程学独立了出来，更加强调认知心理学以及行为学和社会学等学科的理论指导。在实践范畴方面，人机交互设计从人机界面拓延开来，强调计算机对于人的反馈交互作用。"人机界面"一词被"人机交互"取代。HCI 中的"I"，也由 interface（界面 / 接口）变成了 interaction（交互）。

六、提高拓展阶段（20 世纪 90 年代末至今）

在 20 世纪 90 年代后期，随着高速处理芯片、多媒体技术和 Internet 技术的迅速发展和普及，人机交互的研究重点放在了智能化交互、多模态（多通道）- 多媒体交互、虚拟交互以及人机协同交互等方面，也就是在以人为中心的人机交互技术方面。电影中所见到的交互方式在我们未来的生活中得到应用也不是不可能的。例如，电影《黑衣人》中就出现了所谓的交互方式，如图

1-11 所示。

图 1-11　电影《黑衣人》剧照 [①]

第四节　交互设计的原则与目标

一、交互设计的原则

　　交互设计原则用于指导设计决策,贯穿整个设计过程。可以把设计原则理解为设计要求,它虽然不是解决特定问题的有效方法,但可以作为整个设计的一种通用手段。被称为交互设计之父的阿兰·库珀最为人所熟知的话或许就是"除非有更好的选择,否则就遵从标准"了。在交互设计领域有很多经过了时间的验证的法则定律被认作标准,这里将从以下几个方面简要阐述交互设计原则。

① 图片来源: http://wenshi.dzwww.com/yule/dy/201905/t20190514_18721599.htm

（一）基于用户的心理模型进行设计

基于用户的心理模型进行设计这个原则听起来比较抽象,其实就是我们常说的情感化设计。如果我们将情感化设计进行扩充就是基于用户的心理模型进行设计,而不是基于业务或者工程模型进行设计,更不是基于个人的想法进行设计。它是从用户的角度出发,使产品符合用户的心理习惯。对于完全符合用户的心理模型,普通用户几乎不需要思考就使用。这也是交互设计最主要的作用——Don't make me think。

例如,在你退出 QQ 群后,群主和管理员就会知道你已经不在该群里,对于熟人社交,这会让人尴尬。而微信在这一块就做得很不错,微信的很多设计是基于用户的心理模型考虑的,如退出群聊不会有提示,这个设计就考虑了用户想退出群聊但又怕影响关系的心理,这种设计有效地缓解了用户在这种情况下的社交压力。

（二）一致性

一致性是产品设计过程中的一个基础原则,它要求在一个（或一类）产品内部,在相同或相似的功能、场景上,应尽量使用表现、操作、感受等相一致的设计。一致性的目的是降低用户的学习成本,降低认知的门槛,降低误操作的概率。比如下拉刷新、滑动解锁,这些操作符合用户的操作习惯,极大地降低了用户的学习成本。一致性不仅要体现在用户的交互上,还要从设计风格、版式设计、字体大小及颜色等细节上做到整体统一。这样用户才可以完全熟悉和记住产品的行为习惯,而避免产生不必要的错误和麻烦。

我们来看一个同类产品没有保持一致性的例子:电梯。电梯的功能是方便我们到达需要去的楼层,不同类型的电梯功能都是一样的。但不同品牌、不同型号的电梯的操作界面没有一致性,因此电梯按钮的形状、大小、样式完全不一样,每次乘坐新电梯时需要仔细看一遍之后才能学会使用,这就是由于"一致性"做得不好而产生的不够好的用户体验。不同电梯中的操作按钮样式和排布如下图1-12所示。

图1-12   不同电梯中的操作按钮样式和排布

(三)反馈

反馈是指通过向用户提供信息让用户知道某一操作是否已经完成以及操作所产生的结果。反馈必须是即时的,因为延迟的反馈会给用户带来不安。如果反馈的时间太长,用户们就会放弃当前操作,而选择其他的活动来代替。

例如,当当网的注册页面,当用户输入邮箱或手机号时,假设该邮箱或手机号已经被注册了,它就会给你一个提示,这时候用户就可能会记起自己曾经注册过该网站,这样用户只需通过"忘记密码功能"就可以取回原来所用的账号。设置登录密码时它会反馈密码的长度不够,并且给予相关的建议。如果反馈及时,就不会到用户输入账号和密码后才告诉用户邮箱已经被注册并需要重新输入一遍。

(四)简约

失败的设计将一大堆功能堆放在一起,没有主次,不分先后,而不考虑用户的感受。设计师认为功能越多越好,实际上犯了主观主义的错误,从而导致产品信息架构混乱,功能条理不清,用户体验不好。我们在设计时需要在理解用户需求的基础上,根据用户的操作习惯,明确信息架构。一个简约好用的产品是一个满足了用户特定需求、具有流畅操作、赏心悦目的产品。简约不是追求功能的简单,而是通过设计让产品具有最小的认知和最简单的操作,这才是简约的本质。简约有如下四大策略。

（1）删除：去掉不必要的信息,直到不能再简化。

（2）组织：按照一定的逻辑划分成组。

（3）隐藏：把不是很重要的信息隐藏起来,避免分散用户注意力。

（4）转移：保留最基本的功能,转移其他功能。

二、交互设计的目标

交互设计的目的在于通过对人和产品在特定使用环境下的行为研究,为用户设计出一款有用、好用和想用的产品。产品应不仅具有本身的功能并能达到其预定目标,而且还应让用户具有与产品之间的具有情感的体验。

（一）避免理解错误

最终呈现在用户眼前的产品是设计师通过一定的形式符号表达出来的,这个形式符号要想被容易理解记忆,需要发挥交互设计师的聪明才智。一个好的产品应该使用户能够迅速建立起一个认知模式,能以最小的认知来实现产品的正确操作。产品认知模型如图1-13所示。不同的文化背景、风俗习惯、知识结构的用户对事物的认识和理解是不一样的,因此设计师需要在数据分析和相关研究的基础上做出最适合目标用户的产品。

（二）更好的用户体验

设计师设计产品时,需要将关注点转移到理解用户的行为和需求上来,通过对用户的研究发掘潜在需求,从而获得灵感创作出新的交互形式,满足用户的情感体验。产品不应只满足功能的需求,更要追求易用性和情感的满足。产品需求层次如图 1-14 所示。

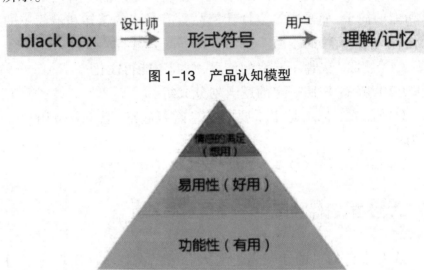

图 1-13　产品认知模型

图 1-14　产品需求模型

(三)以人为本的设计

交互设计是以人为本的设计,一切从人、从用户的角度出发。"以人为本"不是指通过设计满足用户的所有诉求,而是在以可持续性发展为前提,在良好的人机交互状态下,促进人类之间交流。

第五节　交互设计与相关学科

交互设计是归属于设计学科下的一个分支,同时是多学科交叉性学科。广义上的交互设计是指"所有与数字和交互相关的产品设计"。它涵盖了数字技术的交互设计,涉及计算机、芯片嵌入式产品、环境、服务或互联网等。交互设计所涉及的领域包括用户体验设计（user experience design）、工业设计（industrial design）、界面设计（userinterface design）、人机交互（human computer interaction）、认知心理学（cognitive psychology）、信息设计（information design）等，具体如图1-15所示。我们从图中可以发现大多数学科都相互交叉形成重叠关系。

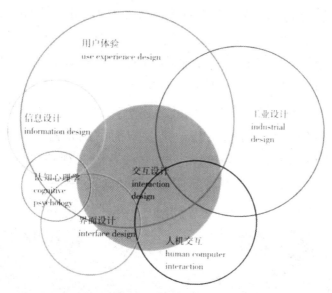

图1-15 交互设计与其他学科的关系

一、交互设计与用户体验设计

随着交互设计的不断发展，交互设计的内容逐渐地丰富起来，用户体验设计就是在这一新的情况下产生的。用户体验设计是以提供良好体验为目的的系统设计。用户体验设计强调灵活运用以用户为中心的设计方法，注重情境因素对用户心理的影响，通过过程管理的技巧和手段为特定的用户提供良好的体验。我们从上图可以发现用户体验设计涉及体验的各个方面，包括工业设计、界面设计、人机交互等中一切与用户、产品、设计、信息相关的活动。

用户体验设计是一种创新的设计方法，建立在以用户对产品体验的心理感受基础上，摒弃了传统的"形式追随功能"的设计原则。如一般按键式输入键盘，在设计中会需要改变外观的造型去配合原先结构，而通过创新的触碰式输入方法则可以给用户带来新的使用感受。体验是一个从过程中获得整体的、主观的感受。例如在参观博物馆的过程中，参观者本身的经验和知识水平、学习方式，身边的朋友、家人和其他游客的情绪，博物馆的展示方式、建筑布局、展品设计以及参观的时间、温度、天气等因素，都会对用户的体验产生影响。单独强调某一个元素对于参观者来说没有太大的意义。如果从体验的角度来分析，展陈的设计、展品的设计、交互的设计、环境的设计、建筑的设计、导视的设计、安全设施的设计、流程的设计，甚至是参观前后的信息设计都可以被包含在为体验而设计的概念之下，这种系统的视角更利于为用户创造一个完整的、合理的并且吸引人的体验过程。

基于用户体验设计的苏州博物馆如图 1-16 所示。

图 1-16　基于用户体验设计的苏州博物馆 [①]

用户体验设计对产品的关注点不再是功能的实现和需求的满足，而是转向用户对产品的体验感受，发生了由产品功能目标的实现（低层次）到对产品感到满足（中层次）再到由产品良好使

---

① 图片来源：http://www.npluuus.com/h/c/202.html

用体验而产生的惊喜（高层次）的转变。用户体验设计的重点是体验的过程，而不是最终的结果。例如，我们在网上购买东西时需要我们注册和输入各种复杂的验证码，虽然最后我们能达成目的，但所体验的过程让人不那么愉快。

体验设计可以给用户带来全新的体验感受。如 2006 年 5 月，苹果公司和耐克公司合作推出了一种 Nike+iPod 的使用模式（图 1-17）。这种将运动与音乐完美结合的模式为人们带来全新的体验，是产品设计、交互设计和服饰设计完美结合的典范。

图 1-17　Nike+iPod

二、交互设计与工业设计

工业设计是一门强调技术与艺术相结合的学科，它是现代科学技术与现代文化艺术融合的产物。它不仅研究产品的实用性能，而且研究产品的形态美学问题和产品所引起的环境效应。

工业设计的目的是满足人们生理与心理双方面的需求，工业产品满足人们生产和生活的需要并为现代人服务。它要满足现代人们的要求，首先它要满足人们的生理需要。如一个杯子必须能用于喝水、一支钢笔必须能用来写字、一辆自行车必须能代步、一辆卡车必须能载物等。工业设计的第一个目的，就是通过对产品的合理规划，使人们能更方便地使用它们，使其更好地发挥效力。在研究产品性能的基础上,工业设计还通过合理的造型手段,使产品能够具备富有时代精神、符合产品性能、与环境协调的产品形态,使人们得到美的享受,如图 1–18 所示的折纸台灯。

图 1–18　红点至尊奖——折纸台灯（2014 年）①

　　相较于工业设计而言,交互设计主要是针对设计人造系统的行为的设计领域,它定义了两个或多个互动的个体之间交流的内容和结构,使之互相配合,以达成某种共同的目的。交互设计努力去创造和建立的是人与产品及服务之间有意义的关系,以“在充满社会复杂性的物质世界中嵌入信息技术”为中心。交互系统设计的目标可以从“可用性”和“用户体验”两个层面上进行分析,它关注以人为本的用户需求在一个时间段里,交互设计和工业设计基本上处于分开独立工作的状态:屏幕以外的部分归交互设计,屏幕以内的部分归工业设计。但随着技术的进步,尤其是智能硬件的快速发展,硬件和软件之间的界限正在变得越来越模糊,这也促使了交互设计和工业设计的界线变得越来越模糊,学科之间不断地融合交融。

　　如图 1–19 所示,B&O A9 音箱在它的表面是看不到音量键的。调节音量时,只需要在音箱的上边缘来回滑动即可,因为它可以识别用户的触摸和滑动,然后系统对用户的物理动作做出反应。又比如 Apple Watch,抬起手看表,屏幕就会自动点亮,这是由于它感知到了用户的动作和姿势,然后系统对这样的动作进行

① http://www.sdonmuse.cn/trade/7.html

了贴心的反馈。

图 1-19　B&O A9 音箱 [①]

从上面案例中可以看出,交互设计和工业设计是互为关联、紧密联系在一起的,既有不同又有联系。交互设计不会脱离工业设计的客观主体而单独存在;同时交互设计又会反作用于工业设计。这都是为了解决一些设计上的难题,为用户提供更好的产品体验。在设计的过程中,其目的都是为了更好地满足人的需求。所以,从这一点上,两者是有着共同的设计思路的,同时也是相通的。

三、交互设计与界面设计

界面设计是人与机器之间传递和交换信息的媒介。界面是机器中的一部分,通过界面用户可以得知机器的工作状态并能对机器进行控制,获取机器对操作的反馈。界面包括硬件界面和软体界面,即实体界面和图形界面。

如图 1-20 所示的插座,它改变了常规插座界面的面板,设计了一个 160° 角的斜面,这样插头可成角度使用,在不增加方形

尺寸的基础上提升了使用率,解决了双口和三口一体插座通常只能高效利用其中一个,另一个则因为受插座的尺寸限制而被"排挤"在外的问题。通过这个实例我们可以清楚地了解到,用户界面不仅仅是我们所"约定俗成"的计算机屏幕界面,还包括工业产品的实体操作界面。

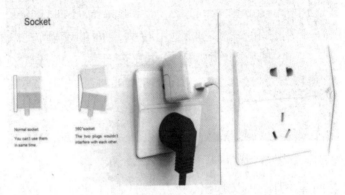

图1-20　160°角插座

一款好的界面设计可以体现出产品的品位和个性,并且让产品的操作变得舒适、简单,如图1-21所示。

图1-21　智能电视界面

界面设计的目标是让用户尽可能地与产品进行简单、高效、友好的交互。在进行界面设计的时候,设计师关心的是界面本身,界面的组件、布局、风格、配色等,确保界面能有效地体现出交互设计设定的交互行为,更好地支撑起有效的交互。但是,交互设计先于界面设计,是界面设计的源头,产品的交互行为被确定后,对界面的要求也就确定下来了。整个界面的部件都是要为交互行为服务的,外观和形态可以更漂亮、精细、更艺术化,但不能为了任何原因而破坏产品的交互行为。

在现实中,很多人把界面设计(user interface design)理解为交互设计(interactiondesign),这种理解具有片面性。交互设计的着重点在于用户和产品之间使用行为层面的交互方式,而界面设计则偏重于静态视觉上的,体现交互设计的表现形式。在产品交互过程中,交互设计关系到用户界面的外观和行为,不受产品的限制和约束。界面设计师需要对交互设计这一领域有一定的研究。在界面设计过程中,设计师必须考虑用户,从用户的角度出发。对用户进行分析是第一步,了解用户的使用习惯、技能水平、文化层次和经验,以便预测不同类别的用户对界面有什么不同的需要与反应,为交互系统的分析设计提供依据和参考,使设计出的交互系统更适合各类用户使用。

界面设计的目的是实现自然的交互功能,消除各种干扰信息,其中包括消除界面本身对人的干扰,从而将人们的注意力集中在任务本身。虽然这是一种理想状态,但这是走向自然的交互体验环境所必须要解决的目标。当前的界面设计基本上还是基于显示屏上的设计,因为我们与计算机以及互联网之间的交互都是在显示屏上进行的,从长远来看,基于屏幕显示器的界面将会消失,因为计算变得无所不在,不可见的交互也无处不在。这就像我们时刻呼吸着的氧气一样,我们看不见却可以体验到。而这也是未来界面和交互设计发展的方向。

例如图 1-22,Leap Motion 公司的手势感应控制器就是这类设备,将手势感应控制器连上计算机后,用户就可以通过各种手势隔空操作计算机。

图 1-22　Leap Motion 公司的手势感应控制器

四、交互设计与人机交互

人机交互（human computer interaction，HCI）是指人与计算机之间使用某种对话语言，以一定的交互方式，完成确定任务的人与计算机之间的信息交换的过程。人机交互领域的研究最早出现在 20 世纪 80 年代，作为一个学术领域，它包含多个学科，如计算机、心理学、社会学等，因此也可以把它看作是计算机学科的一个分支学科。由于计算机技术是信息化产品的基础技术，因此，人机交互的模式往往对人与产品交互的模式有着决定性的影响。同时，人机交互的研究成果对人与产品交互的研究也有着重要的参考意义。

人机交互和交互设计是紧密相连、互相影响的。人机交互作为计算机学科的一个分支，属于学术领域，因此需要进行具有一定普适性的技术和对人的研究，关注点主要集中在为人类提供可以用以互动式的计算机系统，如计算机系统的设计、评估和建设。人机交互更多地关注实现层面，利用技术让计算机服务用户。交互设计作为一种实践方法，是为了解决用户在使用产品的场景下所遇到的现实问题。交互设计的主要目的是通过设计使现实模型的表达方式更适应用户的心理模型，从而使产品可以使用、易于使用，使人机交互发挥最大的价值。

　　例如多点触摸技术(图 1-23),这是人机交互研究的一个重要成果,它包含了软件的计算方法和硬件设备的开发以及软件和硬件技术整合的过程,还有对用户手势规则的定义。而交互设计,可能是通过设计一款 App,给出一定的流程和对特定手势的反馈,以及实现这些功能的顺序和需要什么样的条件。

图 1-23　多点触摸墙[①]

　　人机交互对系统与用户之间的交互关系进行研究,系统可以是各种各样的机器,也可以是计算机化的系统和软件,随着其概念不断延展,甚至还包括人造物品。

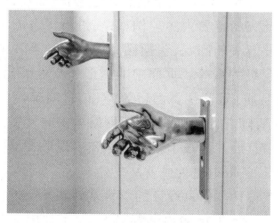

图 1-24　Door Hand-le 的门把手

　　如图 1-24 所示,这款被称为 Door Hand-le 的门把手是由一

---

① 图片来源: http://www.tpy888.cn/sell/show-2913892.html

名英国设计师设计的,该门把手完全按照人手比例设计,看起来有趣、亲切,让你开关门犹如在握手,但该设计实际上是个非常不人性化的设计,我们在使用的时候根本不知道该如何去打开该扇门,到底是去用力握还是旋转。美国心理学家唐纳德·A·诺曼将那些让人不知道是推还是拉才能打开的门,称为"诺曼门"。因此,人机交互不仅仅是基于屏幕的交互,还涵盖实体物品的人机交互。

五、交互设计与信息设计

信息设计(information design)的概念最初来自于传统的平面设计领域。它强调的是从信息传达的角度来研究视觉图形的呈现形式。其设计过程包括收集信息、分析整理信息、呈现信息,目的在于把混乱的信息进行条理化,使信息变得有条不紊,帮助用户快捷地理解信息背后的规律和内容。因此我们可以说,进行有效能的信息传递是信息设计的主旨。

作为设计学科,信息设计研究的是如何呈现信息,以便于用户即信息的接收者有效地理解所要表达的信息。也就是说,有效呈现信息内容的方式以及利于信息传达的优美、简洁的信息环境是信息设计研究的首要内容。例如,在进行网页的设计过程中,信息设计需要解决的问题,包括网站内容的分类和组织框架、网页的布局和层级关系等。页面中的图形和颜色等元素的选择不仅体现页面品质,而且是页面可用性、信息明确性的基本保障。更为重要的是,随着计算机的普及、网络技术的发展,交互设计的交互方式给信息设计带来了新的内容和展现形式,这将促使信息设计进一步发展、取得更大成就。

尽管交互设计与信息设计的学科基础和发展过程不尽相同,但在信息技术快速发展的强大背景下,两个领域都在不断发展。作为交叉性学科,交互设计和信息设计之间存在着很多交汇的地方。就设计目标来说,信息设计和交互设计都是要发挥信息技术的优势,创作出一个具有良好的方便的生活秩序,更好地为用户服务。

　　从学科的角度而言,信息的传达是交互设计的重要内容之一,但是过于强调信息传达,不能从一个完整的行为过程进行交互设计的实践必然是不成功的。反之,只强调行为的过程,而忽略对信息表达的分析也难以得到好的效果。对于信息设计来说,信息传播的媒介和方式对信息呈现形式有着决定性的影响,应当成为信息设计研究的重要部分。信息与交互既是分别根植于信息设计和交互设计的研究对象,也是随着信息技术不断发展的设计研究内容。因此,以交叉研究的视野对两者进行整合研究,符合设计实践的需求,也必然推动信息时代设计研究的发展。

六、交互设计与认知心理学

　　一个优秀的交互设计,是符合人的使用习惯、尊重人的价值的设计。在设计过程中,为了设计出好的交互,设计师需要去理解和考虑人的行为因素,分析这些因素之间的关系,在这些因素的基础上进行设计,从而创造出适合用户的、切合用户行为的设计。

　　心理学是研究人的心理和行为的一门学科,所以在交互设计过程中,利用心理学科的相关知识,以科学的方法去分析人的行为,对设计具有特别重要的帮助。

　　从学科类型来看,认知心理学属于理论型学科,交互设计属于实践型学科。理论性的研究可以为交互设计提供一些设计原则或方法,如心理模型(mental model)、感知 / 映射(mApping)、隐喻(metaphor)以及可操作暗示(affordance)等。

　　如图 1-25 所示,苹果 iMac 数据备份及恢复软件 Time Machine 界面采用深邃的星空、三维的时间轴,让用户能够自然地联想到这个软件能方便快捷地进行备份或恢复数据,从而达到用户对软件的预期效果。这也是一种更为人性化的操作方式。在 Time Machine 窗口内,下面时间条显示当前页面的所在时间,可以通过前进和后退选择曾经备份过的日期及时间,如同踏上时空穿梭之旅。同时也可以通过右边的备份时间条进行查看。

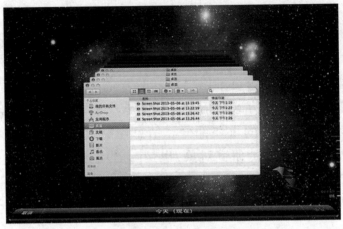

图 1-25　苹果 iMac 数据备份及恢复软件 Time Machine 界面 [①]

　　从某种意义上来说,所有的设计都是研究交互的设计,所有的设计都是研究体验的设计,所有的设计都是提供服务的设计。从事每一个设计领域的人都需要具有开放的心态和灵活的视角。最核心的设计问题始终是怎样为人而设计,怎样满足人们物质的和精神的需求,并不断地促进人类的发展。

---

① 　图片来源: http://bbs.zol.com.cn/nbbbs/d544_8216.html

第二章 交互设计的行为、方法与创新

用户与产品之间的交互行为具有一定的目的性,为了达到目的或完成预定的任务,总是需要一系列的行为。在完成这些任务的过程中,不同的行为有不同的要求和目的,不同的行为设计适用于不同的用户和场景,也需要不同的设计方法与创新。本章将对交互设计的行为、方法与创新展开论述。

第一节 交互设计的行为与方法

一、交互设计的行为

（一）交互行为的释义

在交互系统中,用户与产品之间的行为称为交互行为,它主要包括两个方面:（1）用户在使用产品过程中的一系列行为,如信息输入、检索、选择和操控等;（2）产品行为,如语音、阻尼、图像和位置跟踪等对用户操作的反馈行为,产品对环境的感知行为等。

交互设计行为的主体和客体是可以相互交换的,主体和客体既可以是用户也可以是产品。例如对个体使用的交互系统来说,用户与产品之间的交互过程是双向的,对产品操作时的行为主体是用户,客体是产品;对用户操作的反馈行为的主体是产品本身,用户变成客体。用户的行为可能是主动的,也可能是被动的。例如,人们使用 ATM 机取款时,如果输入的密码是正确的,则可以进入下一个操作,否则需要重新输入密码。对于群体使用的交互系统来说,用户与用户,用户与产品之间同样存在主体与客体之间的转换问题。如多人同时进行的网上玩牌游戏,电脑发牌时的行为主体是计算机系统,玩家是客体;出牌时玩家是行为主体,计算机系统则是客体;对于玩家之间来说,出牌的是主体,将要出牌的则是客体。

交互设计考虑的行为是双向的,强调的是由用户与产品之间相互的行为,二者行为和谐必定以协调为基础,换句话说,行为的和谐必须以相互理解为条件,如果不能互相理解交互行为必然存在冲突。人与机器的行为冲突在本质上是存在的,无论机器的能力怎样,他们都无法充分了解人的目标和动机,以及特定机器在被控制的环境下为什么可以工作自如。这里所指的机器是产品。

交互行为设计的基础是对人的行为的分析。通常,分析行为可以从五个基本要素着手:行为主体、行为客体、行为环境、行为手段和行为结果。

(1)行为主体:在交互设计中由于以人的需求为中心,这里即指系统用户。

(2)行为客体:行为指向的客体,在交互系统中是指与用户发生交互的产品或系统。

(3)行为环境:交互行为发生的客观环境。

(4)行为手段:是指用户与产品或系统实现交互行为的手段、工具、技术等。

(5)行为结果:行为主体的行为得到行为客体反馈的结果。

五个要素之间相互联系、相互影响。例如,行为环境发生变化,对于手段或结果等都可能产生影响;或者同一客体,但由于不同主体可能采用的手段不同,结果也可能不同等。

用户与产品(系统)间的交互行为,可具体划分为两个部分。

(1)用户行为:为了满足自身的信息需求,用户进行一系列的操作行为,如信息输入(Inputing)、搜索(Searching)、浏览(Browsing)和询问(Asking)等。

其中用户行为又分为认知行为和动作行为。人通过认知行为识别、理解、分析物体在某一时刻的状态,经过决策之后,制定下一步的操作指令,由此引出人的动作行为。

（2）产品行为:是指产品对用户操作的回馈行为,如定位、给出搜索结果等,以及产品对周围环境的感知行为等,如感知空气状况、温度等。

产品行为包括捕获信号（区别于人的认知行为）、信号分析、反馈等行为。系统的所有行为都是事先人为设定好的,根据捕获到的信号,经过分析之后,做出不同的决策,进而执行反馈行为。

综上所述,交互行为就是用户为完成某一任务与产品或系统的相互作用的过程,而交互行为设计是通过了解用户的行为习惯、认知特征等对系统或产品进行设计,使用户通过简洁流畅的交互过程顺利完成任务,获得良好的用户体验。

（二）交互设计行为的影响因素

1. 受不同用户的影响

由于用户的文化、经历、年龄和职业的不同,行为过程中两个阶段的认知程度也会有所不同。生活中有许多这样的实例。例如,用计算机上网对城镇青少年来说是一个再平常不过的事,可是对有些贫穷地区缺少文化的青少年而言,他们还根本不知道什么是计算机,更谈不上如何上网,这是由于缺少计算机文化背景带来的认知鸿沟。又如对于从未有过坐地铁经历的乘客来说,可能不知道如何用车票让入口处的栏杆放行。第一次用广州地铁的圆状车票,可能不知道是用来刷而不是投,因为上车投币的经历影响了对这种车票使用行为的正确认知。

上述实例说明,用户的各种背景对行为的执行和评估产生一定的影响,设计师需要想到这一点,力图通过设计避免或减少这种鸿沟。以地铁入口检票为例,我们可以让乘客手持嵌有电子标签（利用 RFID 技术）的车票,在靠近入口处时使栏杆自动放行,从而避免行为的认知鸿沟。

2. 受使用场景的影响

用户行为总是在一定的场景下发生,场景的变化会给用户带来一定的认知鸿沟,有时在正常情况下能顺利完成的行为在某些情况下却难以实现。

（1）不同场景的类型

①基于目标或者任务的场景。这种类型的场景在确定网站架构和内容的时候作用较大。在可用性测试的时候,测试人员提供给用户的就是这类场景,给用户一个背景信息及操作任务,让用户进行操作,并观察他们是如何完成任务的。

②精细化的场景。精细化的场景提供了更多的用户使用细节。这些细节能帮助网站团队更深入理解用户特征及这些特征如何帮助或阻碍他们在网站上的行为。知道了这些信息,团队更容易设计出让用户更舒服、更易操作的内容、功能和网站流程。

③全面的场景描述。全面的场景描述除了背景信息之外,还包含用户完成任务的所有操作步骤。它既可以完整地呈现用户完成某个任务的所有操作步骤,也可以展示新网站中设计师计划让用户进行的操作步骤。

（2）在设计中运用场景

例如,在设计网站的时候把每个用户访问网站每一个的场景都呈现出来是不现实的,但是在设计这个网站之前,开发人员可以先写下 10～30 个他们认为的用户想访问他们网站的原因或者用户希望通过网站完成的任务。场景和人物角色可以结合,分类呈现不同类型的用户访问网站的原因,揭示什么样的人在什么样的场景下会有什么样的行为。

（3）在可用性测试中使用任务场景

在为可用性测试设置场景时,考虑到时间的关系,测试任务不宜多于 10～12 个。此外,在测试中,设计师还可以询问用户自己的场景,他们为什么访问你的网站,他们想通过网站获得什么。可用性测试中,避免通过场景告诉用户如何完成一个任务,而应该在测试中观察用户是如何完成任务的,并根据用户的操作情况判断当前网站的设计是否能够帮助用户在特定的场景下顺利地完成任务。

3. 受产品类型的影响

在行为执行和评估过程中的认知鸿沟与产品的类型有关。按照实现产品功能的核心技术,将产品分成以机械技术为主和以电子信息技术为主两大类。

对于以机械技术为主的产品,如果产品的结构较为简单和直观,用户对产品允许的操作行为就很容易理解,在执行阶段一般不存在鸿沟,如机械式闹钟的时间调整,定时响铃设置和机械式门锁的开启等。而对于由机械部件和电子器件构成的复杂系统,如现代汽车的方向控制系统,如果没有经过专门的培训,必定存在执行阶段不可避免的鸿沟。解决的方案是采用倒车雷达技术与电子信息技术的结合,在驾驶时设置显示车位图,帮助司机对倒车行为进行正确评估。

而对于以电子信息技术为主的产品,用户很难从形态、结构和材质传达的语意理解其操作含义,两个阶段的鸿沟更为明显。对于这种以电子和信息技术取代机械结构的产品,为了减小鸿沟,要尽可能采用便于用户理解的形式表达。如手机的操作界面可以用软件方法绘出按键,用阴影衬托三维效果,用图形的变化表示按下,用声音、图像或文字提示反馈操作结果。

（三）交互行为的步骤

关于交互行为的一般步骤先后有专家提出过不同说法,如唐纳德·诺曼（Donald Norman）提出过交互行为由三个步骤和一个影响因素组成。

（1）目标：交互行为所要达到的目的,即使用者操作的目的。

（2）操作（行为）：基于达到某目标所发生的用户对产品的

操作。

（3）回馈与评估：用户对操作行为产生的回馈进行评估，以判断行为结果与预先期望匹配的程度，即是否达到交互目的，达到什么程度。

（4）影响因素：情境，即用户操作环境。

另一种是将交互分为四个步骤。

（1）发出指令（Articulation），即人们把需要完成的任务转化为具体的操作指令信息传达给数字系统，这个过程可能是通过键盘输入，也可能语音输入。这个过程可以看作与前述的用户目标相似。例如，用户需要了解什么是交互设计，告诉搜索引擎搜索关键词"交互设计"。

（2）系统的转换阶段（Performance），即系统根据用户给予的操作或指令信息，进行内部计算或搜索等内部运行。

（3）结果反馈（Presentation），即系统将计算结果呈现给用户，给予用户反馈。

（4）评估结果（Observation），用户对计算机反馈的结果进行评估，将其与自己期待的目标相互比较，评价目标是否达成，再决定下一步的交互行为。

其中第二个步骤相对于用户来说是系统内部完成的，对于用户来说是隐性的。

交互基本步骤如图 2-1 所示。

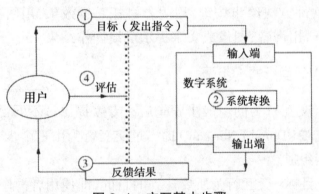

图 2-1　交互基本步骤

以地图导航为例,用户打开高德地图,地图定位用户的位置后,用户:(1)发出指令:输入要寻找的地点,发起搜索;(2)系统转化:指产品的搜索、定位、内部计算的过程;(3)反馈结果:输出目的地,并给出路线及步行所需时间;(4)评估结果:用户评估所得到的信息是否所需。

以上的地图导航搜索是一个比较简单的任务和交互过程,事实上,我们经常遇到一个交互事件,或者说一个任务需要不止一个基本步骤,这时可以将其分解为一个个小事件,或者子任务,逐步分析。

(四)交互行为的类型

通常人们与数字系统的交互行为被分为以下几个类型:

1. 指示类型

指示类型的交互行为是指用户向系统指示某项工作,而系统便履行此命令。

典型的指示型交互是输入命令,系统给予反馈。例如当用户需要在电脑 C 盘中创建名为 google 的文件夹时,那么打开命令提示符界面后,在命令输入框中输入命令"md C:\google \",系统便会执行用户的该指令创建相应文件夹。

随着数字系统的演化,指示也可以通过直接操作或选择一个命令选项来完成。例如,自助贩卖机,用户在把钱放进去后,只要按下一个产品对应的按键,机器就会吐出商品,并找零,这是现在常见的一种指示型交互方式。

2. 交谈型

交谈类型的交互行为是指用户与系统对话,系统是人的对话对象,其形式是将日常生活中人与人之间的对话形式移到人与数字系统的对话中,系统应能够提供符合人的对话习惯的交谈型交互反馈。这种类型的交互通过人与系统的交谈递进式完成交互过程,达到帮助用户解决问题的目的。

例如,安装程序,通常需要有一系列步骤,系统会一步步指导用户逐渐完成安装过程。

交谈型交互方式设计的重点是步骤顺序的设计。步骤顺序是否合理、是否符合用户预期及感知特点,是影响交互行为结果和体验的关键点。

例如,前面提到的 ATM 机取钱就是一个典型的交谈型交互任务,用户在自助取款机的引导下,通过一系列操作取到现金。但我们经常听到人们在取钱后将银行卡遗忘在机器里的事情发生,造成很多不必要的麻烦甚至风险。这是因为人们操作的目标是"取到钱",而一旦反馈结果与目标一致,相当于交互行为的基本步骤已经完成,注意力很容易随之转移,从而造成忘记取卡。如果在交互顺序中设计先取银行卡才能拿走现金,而不是先拿到现金最后取卡,前者由于整个过程中将取现金——达到目的放在最后,能够更完整地保持用户对于任务的完整性。

3. 浏览型

浏览是指用户在阅读许多信息后,选择自己需要的信息的交互行为。

系统提供的菜单形式是常见的浏览型交互方式,用户在浏览菜单之后选择自己想要的门类启动进一步的内容、进行下一步交互;在搜索出来的信息中进行选择也是一种典型的浏览型交互行为。

如图 2-2 所示,国内网购平台京东的商品丰富、种类繁多,用户登录后需要在长长的菜单目录中进行浏览,寻找、选择自己感兴趣的商品种类。

浏览型交互行为需要注意的是呈现给用户的数据量,如果数据量太大,用户可能会迷失在海量信息中,因此时刻提醒用户所采用的关键词是什么很重要,因为关键词匹配程度可以帮助用户辨别选择信息。

图 2-2　京东网站首页截图

　　如图 2-3 所示，Pinterest 网站作为经典瀑布流式布局，在带给用户高效而具吸引力的体验的同时，不断加载数据块并附加至当前尾部的方式也会造成用户在浏览中的位置迷失，因此在用户进行搜索浏览时始终在顶部显示搜索的框、搜索关键词，个人账户信息及入口，以保证用户对当前界面的感知和及时操作。

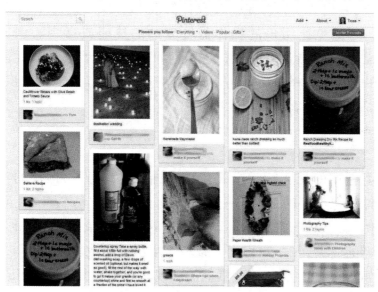

图 2-3　Pinterest 网站[①]

<hr />

①　图片来源于：http://pinterest.com/

4. 操作型

操作型是指用户对系统提供的对象进行操作、编辑等行为，如用户使用 Photoshop 等绘图软件，对一个图片进行编辑、修改。这样的交互形式中用户对系统知识掌握的熟练程度，对交互是否流畅、高效有比较大的影响。

另外一个常见的操作型交互方式是游戏中人物的选择和设定。例如，驾驶游戏中，用户模拟驾驶行为在游戏中开车与他人进行比赛，都属于操作型交互行为。

对于这类交互行为，系统交互设计应做到以下几方面。

（1）操作对象直观可见，如赛车游戏、被编辑图片或三维模型的变化等。

（2）即时反映操作行为的结果：例如驾车行驶过程中的拐弯、加速、避让障碍等，均模拟现实中的驾车体验，让用户即时获得反馈，获得真实体验是游戏设计的根本基础。

（3）避免让用户的操作需要复杂的技能或指令。例如，赛车游戏中，系统将用户可选择的配置均直观地展现在界面上，方便用户观察、选择；而软件操作则需要用户具有一定的知识和技能，需要一定的学习才能掌握。

5. 委托型

委托型的交互行为主要是指人机分工，将人不擅长的重复、大量计算等类型的工作委托给计算机。

例如，一些购物网站可以根据你的浏览记录推荐一些你可能感兴趣的商品，在一定程度上减轻了用户自己搜索的负担。

如图 2-4 所示为在手机上的可视化服药提醒应用 Pillboxie，在病人用户设置药物服用次数及时间后，该应用会自动安排服药时间，并于每天进行相应提醒，同时能够为用户的疗程做出每月的统计，用户可以随时查阅上个月或者下个月的情况并将该应用记录的服药情况分享给主治医生或家人。

图 2-4　可视化服药提醒应用 Pillboxie[①]

以上五种类型的交互行为并不一定是各自独立的。现实生活中，用户完成一项任务而与系统进行的交互行为过程通常是几种类型行为的组合。

例如，用户使用奔驰汽车的服务系统进行导航的交互过程。车主可以对着服务中心系统说出自己的要求：例如，我要去北京故宫，请给我一个路线。服务系统接收指令后就会自动接通服务中心，给车主定位，并在综合考虑路况、路线长短等因素后，给予路线规划方案等反馈；在征询车主意见确认最优方案后，将路线图发给车主。这整个过程中既有指令型、对话型，也有委托型的交互行为，是比较典型的复合式交互。

二、交互设计的方法

（一）问卷的方式

问卷是一项常用的研究工具，它可以用来收集量化的数据，也可以透过开放式的问卷题目，让受访者做质化的深入意见表述。在网络通信发达的今天，以问卷收集信息比以前方便很多，

---

① 图片来源于：https://cn.engadget.com/cn-gallery-App-pillboxie.html

甚至有许多免费的网络问卷服务可供运用。张绍勋教授在《研究方法》的书中,针对问卷设计提出了以下几个原则:

（1）问题要让受访者充分理解,问句不可以超出受访者之知识及能力范围。

（2）问题必须切合研究假设之需要。

（3）要能够引发受访者的真实反应,而不是敷衍了事。

（4）要避免以下三类问题:

①太广泛的问题。例如,"您经常关心国家大事吗?"

②语意不清的措辞。例如,"您认为汰渍洗衣粉质量够好吗?"

③包含两个以上的概念。例如,"汰渍洗衣粉是否洗净力强又不伤您的手?"

（5）避免涉及社会禁忌、道德问题、政治议题或种族问题。

（6）问题本身要避免引导或暗示。

例如,"女性社会地位长期受到压抑,因此你是否赞成新人签署婚前协议书?"这问题的前半部,就明显地带有引导与暗示的意味。

（7）忠实、客观地记录答案。

（8）答案要便于建档、处理及分析。

现在,有好多专业的在线调研网站或平台,调研者可以选择多样化的调研方式。

在线问卷调查法的优点包括以下几种:

（1）快速,经济。

（2）包括全球范围细分市场中不同的、特征各异的网络用户。

（3）受调查者自己输入数据有助于减少研究人员录入数据时可能出现的差错。

（4）对敏感问题能诚实回复。

（5）任何人都能回答,被调查者可以决定是否参与,可以设置密码保护。

（6）易于制作电子数据表格。

（7）采访者的主观偏见较少。

而在线问卷调查法的缺点包括以下几种：

（1）样本选择问题或普及性问题。

（2）测量有效性问题。

（3）自我选择偏差问题。

（4）难以核实回复人的真实身份。

（5）重复提交问题。

（6）回复率降低问题。

（7）把研究者的恳请习惯性地视为垃圾邮件。

（二）面谈的方式

面谈可以用来取得各种不同的信息，因此软件设计大师亚伦·库伯将面谈分为以下四大类：

1. 和利害相关人的面谈（stakeholder interview）

所谓的利害相关人，包括聘请你负责这个设计案的客户，以及该公司营销、管理、市调、研发、客服等重要部门的负责代表。这个面谈会议，主要目的除了确认这个设计案在经费和时间上的限制外，也要进一步了解该公司的经营模式（business model）、技术能力与限制（technical constraints and opportunties）、对于这个产品的愿景（preliminary product vision）、市场竞争及他们对于使用者的了解等。除了提问以及记录之外，还要向利害相关人取得相关文件资料，以便在面谈后进行文献研究以及竞争产品稽核（competitive product audits）等。所有利害相关人已经做过的市调、品牌定位设计或技术资料等，都可以协助勾勒出设计案的限制与可能性。

2. 和相关领域专家的面谈（subject matter experl interview）

因为交互设计团队本身，可能并不了解需要运用这个接口或产品的专业领域，因此需要先取得一些相关的知识。例如，要设计医学信息交流网,必须先了解医学界的文化和习惯;要成立一个球员卡收集网站,要从玩家的观点来了解球员卡收藏,才能设计出适合收藏家运用的接口。同样是信息流通与分享,但需求和形态都大不相同,只有透过相关领域专家面谈,才能深入了解相关知识。

3. 和产品使用者的面谈(user interview)

如果市面上已经存在有相同或类似的产品,这个面谈的主要目的,就是了解他们对于该类型产品的态度、想法、使用方法和状况、喜好、改进建议等。如果市面上还没有类似的产品,就要透过和目标客户群的面谈,来了解这个产品在他们工作或生活中可能占有的地位,以及可能对他们造成的正面或负面影响等。

4. 做客户面谈(customer interview)

一般的产品,通常用户就是购买者,但如果是专门提供给企业或机构的软硬件,那有决定权和负责采购的人,就不一定会是产品真正的用户。在这个情况之下,还需要做客户面谈(customer Interview),也就是和负责采购的人沟通,进一步去了解选择采购产品的目的、用意、条件、流程和所期待的技术支援等。

在各种面谈过程里面,都要保持客观的态度,让受访对象畅所欲言。另一个技巧,就是尽量不要准备冗长的问题,让整个过程变成问卷般单调的一问一答。应该尽量引导受访者,让他们用叙述的方式来描述状况。也就是说,尽量不要用是非选择的方式提问,而要用类似"请描述一下你第一次使用这个产品的情况"的这种提问方式,让受访者以说故事的方式来做陈述。因为在陈述过程之中,会比较容易深入了解使用者的真实状态和发觉一些原先设定题目时并未想到的细节。

(三)实地调查的方式

所谓的实地调查,就是亲身到产品使用的现场,去观察和记录真实的过程和状态。假设要设计一套教学用的软件,设计前一定要到教室里面,去实际观察上课过程中老师与学生的互动状态,才能够设计出符合需求的成品。这种观察所得到的信息,是无法用面谈来取代的。因为通常人的主观意识和记忆,并不一定与事实相符。

尽管问卷和面谈都可以提供一些用户的相关信息,但实地调查其实才是了解使用者以及使用状况最好的方式。

(四)焦点团体的方式

所谓的焦点团体,就是将一群符合目标客户群条件的人聚集起来,透过谈话和讨论的方式,来了解他们的心声或看法。这种方式的好处在于有效率,并且也很适合用来测试目标客户群对于产品新形状或视觉设计的直接反应。但由于在团体的情况之下,讨论的方向和结论很容易就会被少数几个勇于表现、善于雄辩的人所主导,因此所得结果只适合参考,并不适合直接拿来作为修正设计的依据。

(五)文化探测的方式

文化探测也称为自主回报(self-reporting)。实地调查是了解外在的环境、状况和过程的好方法,但这种客观的观察,无法深入探究到使用者的心理层面。而文化探测则是由受访者心里的感受出发,让设计师了解受访者所面对的一些困难或心理情况。最简单的文化探测,就是以日记或笔记的形态,让受访者把当时的情况和想法写下来。但文化探测并不限于文字叙述,也可以让受访者用照相、录音或录像的方式来记录。要尽量让受访者选择他们所喜欢的方式进行,因为参与度越高,所能够收集到的资料就越多。也一定要让受访者知道,这个过程无关对错,让他们放心地尽情抒发。

比如,你可以给每位受访者一个小本子,要他们在一周之内,每一次觉得 Word 软件不好用,就把当时的想法和状况写下来,借此了解 Word 在他们的工作过程中最常出现的问题。也可以给受访者数字相机,让他们每次看到有趣的广告文宣,就把它拍下来,借此了解青少年对于广告的态度。以这种自发方式所收集到的信息,它的真实性将会远远超过理论式的问卷回答。

(六)量化评估的方式

量化评估能够提供客观的数据,潜在市场的大小、用户的平均年龄、消费额度或习惯等。这种接近市场调查的数据,可以协助规划设计的大方向和原则。此外,可用性也可以用量化的方式做评估,如一般人的阅读速度、按钮合理尺寸等。这种市场分析或功效学的量化评估并不容易做到精确,但可以透过阅读文献资料和学者发表过的研究报告来取得资讯。

量化评估的结果,比较接近于描述一种社会现象,适合用来表达客观事实、局外人的观点、破除迷思和侦测规划性。

第二节 交互设计的创新与优化

一、交互设计的创新

(一)交互设计创新的概念

交互设计的挑战和机遇从未停止过,从 PC 到移动,从物理按键到可触摸屏幕的出现,以及 NFC、虚拟现实等各类手机传感器的出现,用户操作界面从实体走向虚拟。交互方式与界面需要随着物理设备的变化、人们的认知和用户的使用习惯来不断衍化。这个过程中交互设计师扮演着重要的角色,他们帮助用户跨越与物体之间的鸿沟,在这其中诞生的新的交互和体验方式或形式则可以认为是交互设计的创新。

（二）交互创新的产生

交互设计创新是随着物理硬件的改变和人们对电子信息设备的全新认知所产生的。交互设计的创新是对现有交互体系的深挖和扩展。例如，微信二次确认的操作，使用了左滑和点击，淘宝使用了拖拽，QQ 拖拽红点标记全部已读，这些都是使用了基础操作手势，但却优化了用户操作。

对于有多年沉淀的大公司，设计体系比较完善，相应的交互模式在产品中应用比较广泛。新的交互模式修改存在一定的风险，很可能引来老用户的吐槽和新用户的流失。由于业务场景比较多，很有可能出现同一产品交互模式不统一的情况。交互创新除了取决于公司对用户体验和设计团队的重视程度，还需要研发团队的配合。同时还要有风险评估能力，对于上线后的风险也要有一定的掌控力。

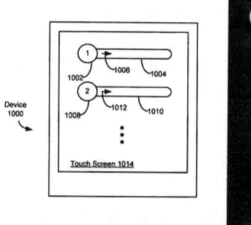

图 2-5　iphone 的滑动解锁

图 2-6　操作界面

对于大多数人的现实情况,我们切不可为了创新而创新,也不可为了跟别人不一样而创新。为了创新而创新喧宾夺主、画蛇添足的设计我们日常也不少见。

我们应该回到用户使用产品时的场景,思考业务流程能够给用户带来哪些便利和价值,能让体验更加流畅,助力业务的快速成长。

比如共享单车从开始的笨拙的手动旋转机械锁,到电子按键锁,再到蓝牙开锁,到现在手机贴近就可直接开锁。每一次的优化都是在缩短用户的开锁时间,降低开锁过程的用户成本,可以说是非常成功的用户体验创新。

二、交互设计的优化

(一)交互设计优化的四个阶段

在进行交互优化的时候,一般会包含四个阶段:设计走查、分析问题、设计方案和设计回归。作为交互设计师的核心工作在前三个阶段,设计走查、分析问题然后输出优化的设计方案。

① ·设计走查　发现问题　　② ·分析问题　需求排期　　③ ·设计方案　需注埋点　　④ ·设计回归　数据分析

图 2-7　交互设计优化的四个阶段

1. 设计走查

目的：发现问题，优化用户体验，提高产品的可用性和易用性。常用方法包括以下几种：

（1）前期埋点，数据分析

通过前期需求埋点，进行数据分析发现现有产品存在的问题，通常是产品经理的职责，而交互设计师往往会拿到数据分析报告后，针对报告存在的问题，进行优化设计。

（2）可用性测试

从可用性的易学性、效率、可记忆性、错误率和满意度五个维度衡量产品的可用性，同时定位产品问题及产生原因，进而优化产品。但实际项目中，实施可用性测试往往会受到时间、场地和人员等条件限制。

（3）走查 List

在项目条件有限的情况下，可以排查现有设计是否对用户造成视觉负担、认知负担、记忆负担和物理负担，根据常用的设计原则和用户行为准则发现问题，输出问题清单。

表 2-1　查 List

用户层	页面	合理等级	存在问题	备注
视觉	页面布局			
	内容层次			
	视觉元素			
	视线流			
认知	概念和模式			
	结构布局			
	系统状态、行为			
记忆	对象关联			
	操作命令			
	行为步骤			
物理	触发事件			
	反馈			
	页面跳转			

续表

用户层	页面	合理等级	存在问题	备注
	异常状态			
	……			

2. 分析问题

设计走查完成后,列举需要优化的功能点,确定需求排期。对于优化的功能一般属于重要不紧急的事件,因此,可以在重要紧急的需求完成之后,确认开发时间和周期。

开发排期时间:重要紧急(新功能)> Ⅱ 重要不紧急(优化需求)> Ⅲ 不重要紧急(临时变更)> Ⅳ 不重要不紧急(日常优化)。

通常数据分析和可用性测试会针对比较大型的项目,对一般较小或者项目资源有限的情况下,利用交互原则和行为准则对已有设计进行走查。图 2-9 所示为某课程类 App 迭代优化的页面设计走查问题分析。

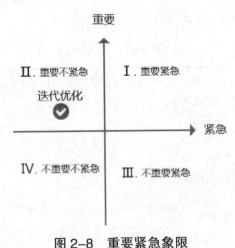

图 2-8　重要紧急象限

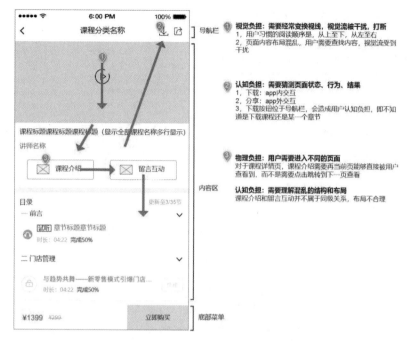

图 2-9　面设计走查问题分析

3.设计优化方案

针对设计走查过程中发现的问题,从可用性目标、产品目标两个维度对产品进行优化设计。优化内容包括页面架构、布局设计、内容和可读性、用户行为和互动等。

(1)可用性目标

可以对照尼克森十大交互原则,分析存在的问题,确定设计调整方案。

(2)产品目标

包括产品定位、用户群、场景、目标等。交互设计更多的是关注用户行为层面。图 2-10 所示为某课程类 App 迭代优化的页面优化设计方案。

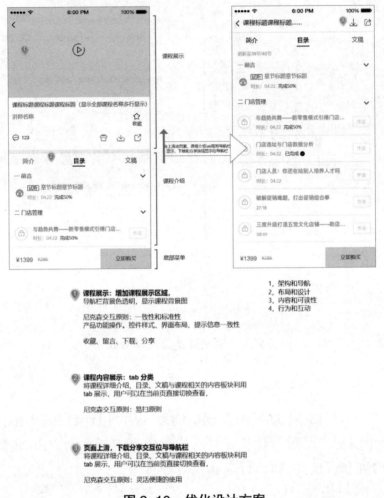

图 2-10　优化设计方案

（3）需求埋点

交互设计方案评审通过后,在开发过程后期,通常会由产品经理输出需求埋点文档,后期进行数据追踪,检验优化效果。

4.设计回归

项目进行迭代优化过程中,收集不同时期的埋点数据,进行数据对比分析,进行设计回归,确认优化的效果和遗留的问题。在项目迭代优化过程中,作为交互设计师核心任务是分析存在的问题,输出交互设计方案,而需求分析、数据分析、埋点等任务更多的是由产品经理主导完成的。

（二）交互设计优化案例分析

苹果公司的 AirPods 最大的创新，其实是优化了耳机交互。

马克·维瑟（Mack·Weiser）提出出普适计算的概念。普适计算强调计算机将融于网络、融于环境、融于生活，它应该无处不在、又让人意识不到，就像我们看到指路牌不会去思考指路牌是什么，而是直接看指路牌上的文字，计算机应该是"无感"的，人们不用思考而能直接使用。

以如今的眼光来看，普适计算正在逐渐实现，AirPods 就是最典型的案例之一，舒适的佩戴感、没有剪不断理还乱的线材，使用时几乎感受不到它的存在。

图 2-11 AirPods 系列

拥有 MacBook Pro、iPad、AirPods Pro 等多款苹果设备的使用者，可以体验 AirPods 的新功能——自动切换。自动切换功能需要更新到 iOS14/iPadOS14 和 macOS Big Sur 系统。自动切换功能是苹果最近为 AirPods 产品线带来的两项新功能之一，AirPods 和 AirPods Pro 均支持。戴上 AirPods 之后，用户可以在 iPhone、iPad、Mac 间无缝切换。举个例子，在 iPhone 上听完歌之后，后期同事把成稿片子发到我的 Mac 上，当我打开视频时，AirPods Pro 会自动连接到电脑播放视频。取下耳机之后，视频又会自动暂停播放。这期间不需要在 Mac 上对 AirPods Pro 进行任何设置，一切都是那么流畅、便利，整个过程中几乎感受不到耳机的存在或变动。

而另一个新功能则是空间音频,和"自动切换"一样,它也是体验上的提升。目前仅 AirPods Pro 可使用该功能,实际体验和环绕立体声类似,开启后,无论脑袋怎么移动,仍然会感受到声音从播放设备(iPhone)的方向发出,沉浸感大大增强。

此前提供该功能的产品大多都是专业游戏耳机,像是 JBL Quantum ONE、HyperX Cloud Orbit S 等,连接 PC 后,它们可以模拟类似环绕立体声的效果,对于强调环境变化的大型游戏来说,更立体的声音也是游戏体验中重要的一环。

半入耳式设计、不到 5 克的重量,再加上苹果对 AirPods 外形 ID 的调整,以求适应绝大部分的耳道,佩戴起来几乎没有异物感,这也是很多人感觉 AirPods 佩戴无感的原因。而自动切换和空间音频则进一步将实际体验拉升了一个层次,更为重要的是,我们在这期间几乎感受不到 AirPods 这台"微型计算机"的存在。

AirPods,几乎完美符合马克·维瑟所阐述的普适计算理论。这份几乎无感的使用体验,促进真无线耳机品类火爆的同时,也改变了它与我们的交互方式,听是一种交互,戴上和放下是,甚至于说话也是。通过 AirPods,我们正在和它本身互动,或是以它为桥和更多设备互动。

和它本身互动比较好理解,这是耳机这一品类的老本行了,而以它为桥往往指的是通过 AirPods 和苹果设备乃至智能家居等设备交互。得益于 Siri 功能的加入,AirPods 可以通过语音交互操控智能家居。相比其他语音指令,智能家居则更简单,像开灯、关灯这些都是类似按钮开关的指令,复杂一点的设置空调也就是类似旋钮的指令。

AirPods 们现在成为了智能家居等物联网设备的入口之一。

除了和硬件产品协作交互,AirPods 所改变的耳机交互方式也影响了软件生态,现在,你能看到越来越多针对音频设计的 App 了。

总体来说,AirPods 优化了耳机的交互方式。在 AirPods 之前,耳机作为一款单纯的音频设备,人机交互方式主要是听,人作为接受端,接受耳机所传输的信息,所以传输信息的质量、准确度是人们一直以来最为关注的标准。而在 AirPods 之后,这一切在逐渐发生改变,AirPods 和我们的交互方式变成双向了,输入与输出可以同时进行。

回顾 AirPods 的发展史就能发现,苹果革新了耳机这一品类的同时,也改变耳机的交互方式,初代 AirPods 上 W1 芯片和而后更新的 H1 芯片,极大地降低了耳机连接不畅、延迟高的问题。

再加上 AirPods 内运动加速器、光学传感器等大量传感器,让它能和苹果生态内的设备无缝联动,匹配连接、音频信息输出与输入,不需要再人为操作,一切都在不知不觉中完成。

而后 Siri 功能的加入,更是大大扩展了 AirPods 可联动的设备范围,从智能门锁、灯具、开关,到智能窗帘等囊括了大量智能家居设备。AirPods App Store 网站的出现,也进一步证明了 AirPods 改变了我们与耳机这一产品的人机交互方式。

尽管 AirPods 还是会存在电池容量不高、Siri 语音助手不够智能的情况,但它已经做到太多了之前耳机所不能做到的很多事,这正是设计师们对交互设计的不断创新与优化的结果。

AirPods 已经不单单是一款音频设备了,几乎无感的体验让它获得用户认可的同时,也改变了交互方式。就像当初 GUI 和鼠标改变了电脑的人机交互方式一样,这种改变不仅仅带来了体验上的提升,更拓宽了真无线耳机的能力范围,它的形态和功能不正如科幻电影中的未来耳机吗? 因此,对于交互设计师来说,交互设计的创新与优化是非常重要的,也是每一个设计师必须需要思考的问题。

第三节　体验创新：人机交互技术

一、人机交互的释义

人机交互技术（Human-Computer Interaction Techniques, HCI）是指通过计算机输入、输出设备,以有效的方式实现人与计算机对话的技术。人机交互研究如何把计算机技术和人联系起来,使计算机技术最大程度地人性化。在用户界面设计实践中,要充分运用人们容易理解与记忆的图形（具象图形与抽象图形）与少量文字,以及运用色彩、静止的画面与运动的画面等,使人在操作计算机及计算机向人显示其工作状态的交互关系中,达到最大的方便与效率。也就是说,用户界面设计必须在视觉、听觉等通道,通过比喻、表达、认识、声音、运动、图像和文字等传递信息。人机交互和用户界面设计的原则,不是训练每一个人都成为操作计算机的专家,而是赋予计算机软件系统尽可能多的人性。

人机交互的目的是使人与计算机系统之间的信息交换方式更科学、更合理、更为人性化,使信息的传递更可靠、更能减轻人的生理与心理负担。因此,应用人机工程学、心理学等学科的研究成果和研究方法,在人机对话中创造最为和谐的关系。人机交互需要充分考虑用户界面问题,通过对键盘、鼠标、屏幕等传统输入输出设备的改进,以及对手写板、语音输入等新方式的引入,彻底解决人机交互的实用性问题,提高人机交互的效率。

二、人机交互方式未来的三大方向

就总体趋势而言,人机交互方式会随着物联网的不断更新升级以及人工智能的发展而不断朝以下三个方面发展。

（一）以用户为中心

以用户为中心的交互方式在于能更有效地识别用户表达的细微情感，并快速理解及满足其潜在需求。如何以用户为中心？即设备能够时刻感知用户需求的本质来源，分析用户行为动机，并随之快速作出合理的反应。比如，设备了解我（即用户）。设备会永久的记忆我的行为习惯和各类偏好，并能在之后的生活中不断地进行调整，让我的生活变得更简单舒适。在我遇到某些烦恼时，设备能够智能地推荐相应的解决方案，但不绑架我的选择。

（二）个性化的生物识别

未来，密码的使用将会变得越来越少，取而代之的将是生物识别，比如通过指纹、视网膜、心率，甚至 DNA 等每个人独有的特征来完成某些行为。而生物识别的融入，其中一个最关键的要素就是安全。在物联网时代，当人借助于智能穿戴设备与万物连接之后，每个人，或者所佩戴、控制的设备，其唯一所属性与安全性就成为一个关键因素。随着识别技术的不断突破，未来将是根据人身上的任何一个特性进行识别并激活设备从而进行支付。随着用户对隐私的逐渐重视，以及对信息安全意识的增强，尤其是智能穿戴设备与人体的深度融合之后，个性化的生物识别人机交互方式会成为打造安全智能生活最大的前提。

（三）全方位感知

未来整个人机交互方式的发展方向就如微软创始人比尔·盖茨所言："人类自然形成的与自然界沟通的认知习惯和形式必定是人机交互的发展方向。"未来的设备将能全方面地感知用户的需求，甚至预知其潜在需求。如当用户有需求时只要稍稍"动一下脑筋"，围绕在你生活周围的智能产品就会感知到，并能快速解决用户的需求，或者提供解决需求的途径。

未来,随着可穿戴设备、智能家居、物联网等领域在科技圈的大热以及落地,全面打造智能化的生活成为接下来的聚焦点,而人机交互方式会逐渐成为实现这种生活的关键环节。通过对人机交互的发展历程、人机交互现状的研究和分析可以看出,未来的发展趋势将倾向于自然交互的模式,人机、环境的和谐交互将使它们处于自然融合的状态。以交互性、沉浸感和构想性为基本特征的虚拟现实和增强现实技术具有实时的三维空间表现力,自然的人机交互操作环境,能带给人们身临其境的感受。它的广泛应用将改变人们的生活环境和生产方式,虚拟化必将成为未来时代发展的主题。虚拟现实的交互特性,不仅符合当前交互性、体验式、沉浸感、真实性的人机交互发展趋势,而且有助于提高增强虚拟情境的真实感,最大限度地扩展用户界面的直观性、交互性与协作性。[①]

第四节　创新性思维方法与运用

一、创新性思维的类型

创新思维是指以新颖独创的方法解决问题的思维过程,通过这种思维能突破常规思维的界限,以超常规甚至反常规的方法、视角去思考问题,提出与众不同的解决方案,从而产生新颖的、独到的、有社会意义的思维成果。

创新思维的类型主要有八种:逆向思维、心理思维、跟踪思维、替代思维、物极思维、发散思维、否定思维和多路思维。

---

① https://www.sohu.com/a/235256867_197968

二、创新思维方法的运用——奔驰法

奔驰法（SCAMPER），由美国心理学家罗伯特·艾波尔（Robert F.Eberle）创作。它是一种常见的创意思考工具，常用在改进现有产品、服务或商业模式中。它包括了7个切入点——Substitute（替换），Combine（组合），Adapt（改造），Modify（修改），Put to other uses（改变用途），Eliminate（去除），Reverse（反向）。通过这7点有助于检验是否有更好的改进现状的新想法。

（一）Substitute 替换

思考清单：有什么事物可以被取代？有什么人物可以被取代？可以更改成分或者原料吗？采用其他的工艺或者方法？以滴滴打车为例：与传统的叫车方式相比，滴滴打车将"乘客线下叫车"的方式替换成"乘客网络叫车"，"司机被动等待乘客"的方式替换成"司机主动接单抢单"。

（二）Combine 组合

思考清单：有什么想法可以合并？有什么目的可以合并？可以提供套餐服务或者一系列产品吗？如何组合包装一系列的产品？有什么材料可以合并吗？如果是互联网产品，可以思考：有什么功能、信息内容可以合并吗？有什么流程、步骤可以合并吗？以外卖为例：饿了么的"多人订餐"功能就是利用了"组合"的方式，由一个人发起，其他人根据邀请链接自行点餐，所有点餐信息合并在一个订单中。

（三）Adapt 改造

思考清单：有什么其他事物与我们的产品类似？过去有什么类似的事物吗？我们可以从哪里借鉴模仿？我们可以引入别的什么想法？有什么其他的工艺可以用到这里吗？有什么其他

领域的创意可以借鉴吗？以拟物化设计为例：通过模拟真实世界的某个物品和使用方式,用户可以结合现实中的经验非常顺畅的使用我们设计的界面。比如阅读类 App "书架"界面模拟显示用的书架元素、网易云音乐的"播放"界面模拟留声机唱片和唱针的效果等。

图 2-12　替换

图 2-13　组合

图 2-14　App

（四）Modify 修改

思考清单：如何可以改进现有的事物？可否改变名字、颜色、味道、声音、形状、包装？有什么可以放大的？有什么可以夸张的？有什么可以更高、更长、更强、更频繁？有什么可以推向极致，增加到最大或变到最小？以微信扫一扫为例：微信的扫一扫已经非常好用了，扫描快、准、全，但是它又有更极致的优化，当我们扫描的二维码距离较远时，它会自动放大扫描的内容。这就是典型的修改，将原有的内容加以"放大"。

（五）Puttootheruses 改变用途

思考清单：这样产品还可以做什么用途？改进以后是否可以有其他用途？扩展以后是否有其他用途？是否有其他的市场？以微信支付为例：微信支付，算是"改变用途／一功多用"的典型案例，从线上支付到线下支付的收付款，从转账到发红包，从AA收款到群收款，从普通的个人交易支付到集体消费到人情往来，全场景铺开。

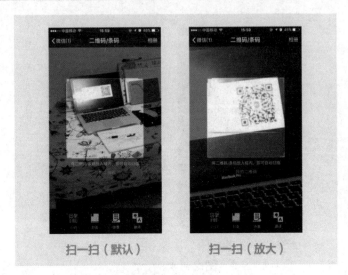

图 2-15　放大

图 2-16　收款

（六）Eliminate 去除

思考清单：产品有没有可以删减的地方？有没有可以缩小的地方？有没有可以分割的地方？简化版？浓缩版？有没有可以取消的规则？有没有不必要的成分？"去除"也就是我们常常强调的极简设计、做减法，给用户尽量简洁的界面、尽量少的操作和流程。典型的例子：Kindle 电子书的一键下单，省去了以往购物过程中烦琐的购物车、填写确认订单等流程。

图 2-17 Kindle 电子书的一键下单

（七）Reverse 逆向操作或重新安排

思考清单：正负可以反过来吗？这个服务反过来会是什么样？颠倒一下呢？时间顺序上反过来呢？还有什么其他的排放顺序吗？产品的组成部分是可以互换的吗？可以有其他的顺序或者构造吗？以是否需要注册登录为例：以前很多 App 打开之后第一步就是注册／登录，登录成功后才能看到 App 首页。现在，越来越多的 App 允许用户"先看看"稍后再注册。

三、互联网思维的运用

（一）先导型用户的分析

用户思维是互联网思维的核心，其他思维都是围绕用户思维在不同层面展开的。用户思维，是指在设计的各个环节中都要"以用户为中心"去考虑问题。例如移动应用设计的主体是所设计的产品针对的潜在用户，要想创新并获得交互设计和体验的灵感，就必须将用户作为首要创新突破口。那么，什么样的用户才是我们选择的突破口呢？有这样一类用户，他们是某类产品的发烧友，喜欢体验新鲜事物，我们把这类用户称为先导型用户，他们能够提出明确的需求，有些需求可能代表着未来的普遍需求，值得参考。通过对这些需求进行研究,我们可以挖掘出潜在的有用信息供设计者参考。

图 2-18　注册

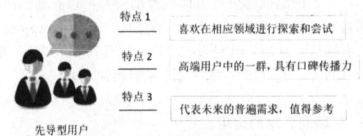

先导型用户

图 2-19　先导型用户的特点

"设计邦"针对先导型用户的研究方法值得我们借鉴。他们认为,研究先导型用户的常用方法和通常的研究方法相同,包括观察法、访谈法、草图法和头脑风暴法。如果我们让先导型用户画出他心目中的产品形态草图,这些草图有的能和我们的创意想法不谋而合,成为创新佐证,同样他们可能也会提出我们没有想到的创新点。因此,先导型用户的想法值得借鉴和推敲。

（二）相似用户的分析

我们在进行用户研究或用户反馈分析时,经常停留在对真实用户的反馈分析上,如果我们把一些精力花在对相似用户的反馈分析上,则更有利于进行创新研究。相似用户指的是类似产品的用户。最典型的案例是微信和QQ,它们虽然都是腾讯旗下成功的社交产品,很多功能也相似,用户群体也交叉。微信出现以后,我们使用QQ的频率大大减少了,微信的创新让QQ用户悄无声息地发生了迁移。但这并不是腾讯的初衷。人们用QQ的时间太长了,也没有太多的新鲜感了。腾讯认为,与其在QQ上下功夫创新,还不如创造一个新的平台,同时也不完全放弃QQ。为了防止第三方通讯应用侵占用户,才有了微信的诞生。所以说创新的力量是伟大的,产品竞争促进了产品创新。

（三）多维度竞品分析

竞争性分析是对两个或两个以上的产品或对象进行研究及多方面对比,寻找它们之间的不同点和相同点,从而为自己的产品设计提供宝贵的一手资料和数据。竞品分析看似简单,但做好却不容易,它是一个持续性的工作,要充分做到了解对方的产品,尤其要了解对方产品不同版本的演变形态,从而总结出我们做创新差异化设计的突破口和创新点,尽量少走弯路,这样才能做到"知己知彼,百战百胜"。竞品分析的五大核心要素如图2-20所示。

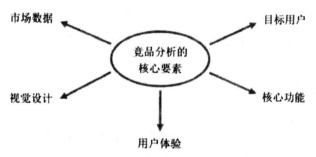

图2-20　竞品分析的核心要素

市场数据:了解相似产品的市场情况,包括用户数量、市场份额等相关数据。

目标用户:分析该产品的目标用户群体,并对目标群体进行画像,分析每个用户群体并掌握用户数据。

视觉设计：分析视觉设计的优缺点以及创新点。

核心功能：分析该产品吸引用户的核心功能。

用户体验：分析该产品的用户体验效果，它是否符合用户的使用习惯，是否考虑了用户的感受。

要坚持每天收集行业情报，每月定期输出一份竞品分析和行业情报报告，然后交给项目经理并让其组织团队进行头脑风暴。

差异化功能和特色功能应该是竞品分析中的重点。我们可以从三个方面来分析，即己品的差异点，竞品的核心功能点和它们共同的基础功能，图 2-21 很清晰地表示出了二者之间的异同。

图 2-21　差异化功能 / 特色功能

从图 2-21 中可以看出，在己品和竞品中抽取出共同的基本功能，然后充分了解竞品，对竞品的核心功能点涉及的问题进行分析，找出己品的功能差异点。这时我们就有了占领市场的基础，就有可能让设计出来的产品成功地在市场上立足。

四、增长思维

对于互联网上市公司而言，业务营收的高速增长可以提高公司估值，对于企业投资者而言，则可以提高投资回报率。从 2018 年以来，设计行业比较有影响力的设计大会，比如产品经理大会有一半的演讲者都在讲增长，可见，增长已是必然趋势。既然大家都在讲增长，增长是 KPI 指标吗？作为设计师，该如何助力业务和产品增长呢？据笔者了解，国内最早提到增长概念，是来自范冰的《增长黑客》这本书,而增长概念起初是来源于美国硅谷。增长并不是 KPI 指标,KPI 只是短期阶段性指标,更多的可能是一些虚荣指标,产品经理为了达到 KPI 指标而牺牲用户体验价值是常有的事情,那么什么是增长呢?

范冰在《增长黑客》中讲,"增长是产品增长,这是最核心的目标,注重产品长期价值。增长对象不仅包括产品用户量的增长,还包括产品在不同生命周期中各个阶段最重要的指标。"

传统的产品生命周期分探索期、成长期、成熟期和衰退期这四个时期,不同阶段的产品目标是不同的,对应的产品增长指标(指本阶段最能体现产品价值和企业价值的指标)也会不同。在探索期,主要会采用 MVP 的方法(MVP 全称 Minimum ViableProduct,最小可行性产品)以最小成本和最快的研发速度上线产品,快速验证产品方向是否正确,如果方向不正确可迅速调整产品方向;产品进入成长期阶段,产品主要的目标是确定产品差异化定位,抢占市场并迅速占领用户心智;在成熟期阶段,需重点考虑产品如何进行商业化变现,以及如何提升商业价值。从企业战略层的视角看,有了增长意识后,我们需要尽早在产品成熟期阶段思考如何提升产品增长,否则当产品进入衰退期再考虑产品增长是比较困难的事情,市场竞争激烈。比如美团,最早持续给企业带来高速营收增长的业务线是美食,在产品成长期阶段对标的是大众点评,解决的是用户本地生活吃饭的需求。后来在原有业务线基础上不断探索,逐渐分化出来多条新的业务助力企业增长,比如电影 / 演出、酒店旅游、美团外卖、出行(打车、摩拜单车、火车票、机票)、美容美发生活服务等。现在发展比较成熟的业务线是美团外卖,已成为美团第二条成功助力企业营收增长的重要业务线。为什么美团会有多条成功的能带来增长的业务,这和企业的创新分不开。所以,产品增长如何实现呢?

从业务角度看,需要业务创新实现营收增长,就要深入洞察用户并挖掘还没被满足的需求。从产品角度看,需要通过数据体现增长,前面提到了云计算的快速发展使得产品获取数据非常容易,所以通过数据分析可以由数据驱动业务增长,找到能提升业务目标的解决方案,不断优化产品体验。常用的增长方法是AAARR用户转化漏斗增长模型,具体先后顺序分别是获取、激活、留存、增加收入、推荐传播。但是,AAARR用户转化漏斗增长模型更适用于成长期和成熟期的产品,并不适合用于探索期产品。探索期产品最重要的是用户留存,是要验证产品方向,是不太需要花巨大成本推广产品先获取客户的,而是要先考虑用户留存、后激活沉睡用户,再考虑产品获客的事情,用户留存可以体现产品的价值,验证用户需求。从设计角度看,在做具体设计时,需要具备增长思维,以用户为中心,以增长为导向,不断提升产品价值。考虑产品不同生命周期最重要的核心指标,这个指标需要能代表产品长期价值和企业价值,是项目团队都认可的一项指标,大家围绕共同的目标挖掘提升增长的爆破点。具体可通过用户调研,深挖用户差异化的需求,围绕产品阶段性的目标,结合用户画像和用户体验地图找到设计机会点来提升增长指标。用户调研分析可以是定性分析或定量分析或者两者结合,对于探索期新产品最好是定性分析,毕竟没有足够多的数据,样本量少也不一定有说服力。

第三章 交互设计的流程

随着科技时代的到来,人们的生活方式也随之发生了质的飞跃。网络技术的飞速发展促进了互联网产品在日常生活中的普及,而与之相伴而来的是交互设计在设计中的地位明显提升。交互设计在互联网产品的设计与发展中具有重要的作用,为了更好地设计出优良的网络技术产品,学习并了解交互设计的流程有着重要的作用。

第一节 确定设计目标

确定设计目标是指描述为什么做某个设计,做了之后需要达到的成效。设计目标是否明确、清晰,对于一个设计项目最终的成功有着决定性的作用。制定设计目标有助于设计团队就目标达成共识,从而保证在后续整个设计、开发过程中不会走偏。同时,设计目标提供了衡量设计成败的指标,有助于为设计的有效性正名。

一、设计目标的组成部分

概括来说,设计目标通常包括以下三个部分:

（一）商业目标

商业目标指设计能实现的诸如销售、品牌知名度、成本控制、竞争优势等方面的具体指标。

(二)用户目标

用户目标包括设计所针对的用户群体,以及设计能为该用户群体解决什么问题或实现什么目标。

需要注意的是,用户的目标通常包含两个层面的意义,短期的行为目标和长期的生活目标。比如对于买彩票这个需求而言,用户的行为目标是快速地完成彩票的购买,我们的重点在于节省买彩票的步骤,提升效率。知道这些,我们就可以针对性地向他推送其他的彩票种类或者增加追号功能等。

(三)成功标准

成功标准指定义产品是否成功的基本指标。例如,实现日均访问量 1000 万、使用户能在一分钟内找到所需产品等。

在实践中,设计目标往往受限于以下条件。

第一,有时候,很多产品的成功与否很难评价,自然设计目标就很难制定。比如对于频道类产品的设计,常规的做法是通过 UV、PV 来评价用来表示用户访问的数量以及产生的浏览量,但是这种单纯的商业目标会带来较差的用户体验问题,会使内容更多,界面更长。遗憾的是,在这些项目中,我们却很难去评价设计活动对用户体验产生的影响。因为对于大量信息的频道设计,用户往往愿意多花些时间自己去寻找内容。在此情况下,让用户自我报告满意度,通过对现有产品满意度的调研,制定出设计将要达到的目标。

第二,度量的数据和方式。要想确定目标,必须建立有效的数据监测机制,它既可以帮助我们找出目前的问题,也可以用来评价我们最后的完成情况。所以对任何产品必须进行有效的数据埋点。设计目标的制定是多团队协商的结果。例如在一个企业中,可能包括运营团队、市场品牌团队、技术研发团队、客户服务团队等。在讨论完成后,设计目标需要以文档的形式记录在案,作为后续的参考及凭证。①

二、如何寻找设计目标

例如对一款摄影类手机应用做优化,产品经理给设计师的需求文档包含以下功能和要求:增加滤镜种类;增加批量修改照片的功能;增加自定义调节功能;为同一款滤镜增加不同强度;增加滤镜叠加功能。

由于之前没有设计师介入,产品经理没有真正地接触用户,因此这些功能更偏向产品经理个人的主观判断。因此,设计师不要先做设计,而要思考以下问题。既然做优化,说明已经有一定的用户基础。那是不是可以先查阅目前用户的评论和反馈?是不是可以观察身边的人是如何使用的?

以下是较有代表性的用户意见:选择滤镜时左右为难,找不到自己喜欢的滤镜;希望增加滤镜种类;为同一组照片添加相同的滤镜,却很难找出之前使用的滤镜;希望增加自定义调节功能,分别调节照片的亮度、饱和度和对比度;两款滤镜是否可叠加。

通过对它们进行简单分析后发现产品已经提供 12 款滤镜,但用户依然找不到喜欢的,说明滤镜的品质可能欠佳。用户希望增加滤镜种类,可能由于滤镜的差异化较小,品质一般,难满足用户的需要。很难找出上次使用的滤镜,可能因为滤镜的差异化较小。希望增加自定义调节和滤镜叠加等功能,这些都是用户对滤镜个性化的需求。

大部分竞品提供个性化修改图片的方式:用户更乐于分享个性化修改后的图片,因为能体现自己的风格;用户使用竞品 A 美化照片,再使用竞品 B 分享给好友,竞品 A 的滤镜效果非常有质感,但是竞品 A 没有分享功能。

从简单的竞品分析中可以得出结论,用户需要更个性化、品

① 黄琦,毕志卫. 交互设计 [M]. 杭州:浙江大学出版社,2012.

质更好的滤镜,并且应该突出分享功能。

综上所述,最终得到四个设计目标:提升滤镜品质、增加滤镜差异化、增加个性化滤镜和突出分享功能。

三、如何确定设计目标

确定设计目标使设计师更专注服务特定人群,更容易提升这类用户的满意度,产品更容易获得成功;另一方面,目标用户的特征对使用场景和用户目标有较大影响。因此目标用户的选择非常关键。

(一)如何选择用户

用户选择涉及两个方面:一是用户群体的选择,二是用户数的选择。

对于显性需求,一般可选择直接用户,如交互式家用智能清洁产品,可以选择中等收入以上的知识分子家庭,如白领、教师和公务员家庭等,因为这类人群工作繁忙,且没有足够的财力聘请家政。对于隐性需求,可以从相关用户中选取,如相关领域专家和营销人员等。

人数选择与选择的用户研究方法有关,对于用户观察或产品评估研究对象一般为 5 ~ 10 人,且用户类型的选择比人数更重要。为了便于表达所选择用户的分布情况,采用表格的形式表示,并称为用户选择矩阵。

(二)需要了解用户什么

了解用户的真实需要与期望,必须走近用户,把用户当老师,设法获得第一手资料。需要了解的内容主要有以下几个方面。

(1)背景:年龄、职业、喜好、学历和经历等。

(2)目标:用户使用产品的目的是什么?用户最终想得到什么结果?

（3）行为：用户与产品之间采取什么样的交互行为达到目标？

（4）场景：用户在什么情况使用系统？

（5）喜好：用户喜欢什么？不喜欢什么？讨厌什么？

（6）习惯：用户的操作或使用习惯，如输入中文信息时，用拼音还是手写，用左手还是右手，单手还是双手操作等。阅读习惯、休闲习惯和工作习惯等。

以电子商务网站为例，用户的主要需求是购买心仪的产品，但前提是他们需要先找到想要的产品。在这个过程中，他们的目标可能是明确的（知道自己买什么），也有可能是模糊的（想买钱包，但没想好买什么款式），还有可能没有目标（随便逛逛，看到喜欢的就买）。

目标明确的用户使用产品时会按照流程一步步完成任务，而对于目标不明确的用户，则需要通过更多的展示内容吸引他们。用户被吸引才可能尝试操作，进而完成任务。

帮助用户找到想要的商品。信息组织与分类的目的是使信息易于找寻，使有明确目标的用户能快速找到所需信息。不确定目标的用户，通过浏览和寻找，逐步明确所需信息，使没有目标的用户在探索中激发需求。所以互联网产品中信息的组织与分类要满足这三种情况，通过合理组织网站承载的信息，帮助用户找到他们真正想要的信息。

例如，电子商务网站 eBay 的首页（图 3-1），明确购买目标的用户，可以通过搜索框快速找到特定商品。对于购买目标模糊的用户，可以使用页面左上方的商品分类，在特定的类别中寻找商品。完全没有目标的用户，则可以浏览最近热销或折扣商品，在闲逛中激发购买需求。

又如，新闻资讯类网站 BBC 首页（图 3-2），大部分用户浏览新闻资讯类网站没有明确目的，只想知道最近发生的热门事件。页面的大部分内容为这部分用户提供资讯。希望浏览某一分类下的资讯，或有明确目标想查找具体信息的用户，也可以在页面上找到想要的信息。

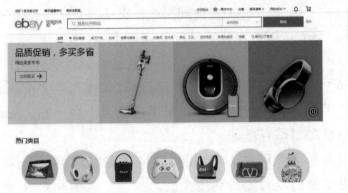

图 3-1   电子商务网站 eBay 首页

图 3-2   新闻资讯网站 BBC 首页

　　吸引无目标用户。对于无目标或目标不明确的用户来说,我们不能再用理性和逻辑的思维方式对待他们,而是要充分地换位思考,用感性的思维方式给用户营造贴心、友好和有吸引力的界面。

　　例如,图 3-3 中新浪微博登录页面,对于有微博账号,想登录微博浏览信息的用户,这个页面的逻辑没有任何问题。页面没有干扰,用户可以快速找到登录框,完成操作。对于没有账号并想注册的用户,页面提供显眼的"立即注册"按钮。对于那些听说过微博,不知道其作用的,或没有账号,想了解但懒得注册的闲逛型用户来说,这个页面的内容无法吸引他们。这部分用户可能因为无法了解更多信息而流失。但是如果有吸引人的信息,他们可能会留下来,并注册成活跃用户。

图 3-3　新浪微博登录页面

如图 3-4 所示为知乎登录页面,在页面最显眼的地方提供登录框,页面上方"知乎"加上"有问题上知乎"几字,简单明了地告诉用户:这是一个解决问题的网站。色彩丰富的背景图,以卡通版块模式出现,也较为明显地表现出该网站的主要作用。从产品逻辑来说,登录页面的任务是让用户登录,一个简单的登录框可以完成任务。如果严格遵守产品逻辑,无做简单介绍,无目标用户很难被吸引。

图 3-4　知乎登录页面

在设计过程中,设计师应该充分考虑用户如何理解产品,并在交互设计的表现形式上更贴近用户的心理模型,避免将枯燥的逻辑直接呈现给用户。

用户不仅理性而且感性。这种特性导致用户的目标、期望、行为习惯等和逻辑存在冲突。过于关注逻辑可能使设计偏离用户目标,导致易用性受影响。逻辑正确的设计可以保证产品是可用的,只是未必易用。在关注用户目标的基础上,逻辑要合理,不要过于追求逻辑的完美,平衡好用户情感与界面逻辑的关系才能设计出友好而易用的界面。

作为设计师,特别是在以用户为中心的设计领域,工作之一是帮助用户,让他们明白他们到底想要什么。这不仅仅是让他们知道他们希望制造什么,而且还让他们明白为什么需要这样做。他们是希望赚更多的钱、获得更多的用户或只是制造更多反响。设计师把这方面的需求叫商业目标。

四、根据设计目标定义设计需求

首先,通过和产品经理一起讨论并整理思路,最终一致认为对于用户来说,滤镜的品质是第一位的,如果品质不好,差异化即使明显也没有用。其次,滤镜的差异化使用户容易找到自己喜欢的滤镜。个性化功能排在第三位是因为使用这类功能的用户专业度较高,人数相对少。最后,突出分享功能,因为只有前面做好了,用户才愿意分享。综合前面的所有观点,得到设计目标,优先级以及对应的设计需求,具体见表3-2。

表3-2　设计目标及设计需求

设计目标	设计需求
提高滤镜的品质	考虑受用户喜爱的滤镜类型,改进现有滤镜
增加各个滤镜间的差异化	去掉一些不受欢迎、差异化不大的滤镜;增加高品质、有特点的滤镜
增加个性化修改图片的方式	增加自定义调节功能,为同一款滤镜增加不同强度,增加滤镜叠加功能
突出分享功能	在用户确定完成对图片的修改后,立即提示用户是否分享

第二节　任务流程梳理

一、任务流的界定

任务流是一个特定操作中的单独流程,描述了用户在系统中的移动轨迹,所有用户在同一系统中的任务流都是相似的。

二、业务流程

业务流程是为了描述系统架构和业务流程所绘制,一般为用例图、泳道图(图 3-5)。

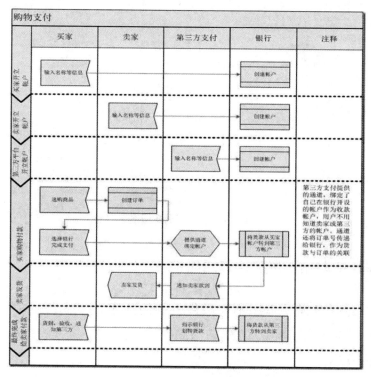

图 3-5　业务流程图

三、梳理任务流的作用

任务流程图能够帮助完善产品的交互逻辑,获得适应用户行为的最简单操作路径。

概括来说,其作用主要表现在以下几个方面。

(1)来源于用户研究结论。

(2)指导页面设计。

(3)建立和完善交互逻辑。

(4)对产品功能查缺补漏。

(5)发现新的机会点。

(6)帮助分析页面数量。

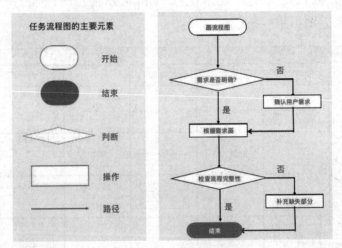

图 3-6　任务流程图

四、帮助梳理用户操作逻辑

登录任务需要考虑不同条件下的任务流。

(1)忘记用户名。

(2)忘记密码。

(3)输入法为大写状态。

（4）验证码错误 1 次 /2 次 /3 次以上。

（5）密码出错 1 次 /2 次 /3 次以上。

（6）用户多次输错,且最近修改过密码。

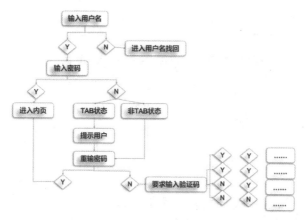

图 3-7 登录任务需要考虑不同条件下的任务流

例如,寄快件网上下单任务流优化前见图 3-8。对于此,我们可以考虑: 此任务流是否可以简化? 或者输入寄件人和收件人地址是否能精简步骤?

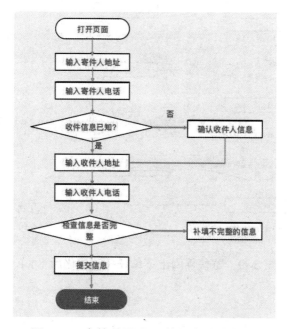

图 3-8 寄快件网上下单任务流优化前

寄快件网上下单任务流优化后见图 3-9。

通过任务流我们发现,用户有较大的概率要跳出系统,这对用户任务的干扰非常大,我们是否可以解决这个问题?继续优化后见图 3-10。

五、任务流程梳理案例分析——小经费报销

(一)创建经费团

1. 设计亮点

如何做到精益求精、锦上添花和竞品拉开差距?

处理方法:聚焦用户痛点,竞品短板和关键任务。

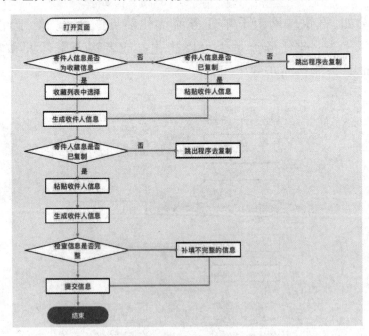

图 3-9 寄快件网上下单任务流优化后(1)

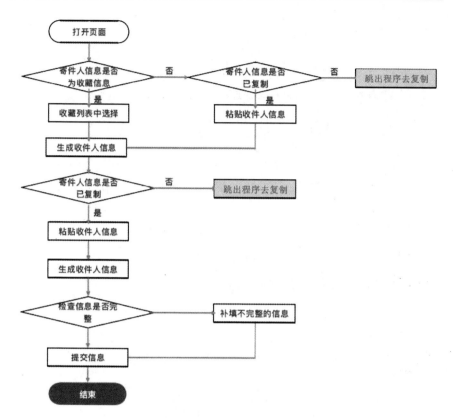

图 3-10 寄快件网上下单任务流优化后（2）

图 3-11 创建经费团

2. 有依据的信息架构

如何合理设计信息架构的层次？
处理方法：主次分明，且避免冗余。

3. 突出核心任务

产品的核心任务是什么？
处理方法：关注角色任务差异，考虑任务频繁度和重要性。

4. 明确角色和定位

目标人群是谁？产品的主要角色和定位是什么？
处理方法：便捷，公平，有趣。

(二)创建经费小组

创建经费小组见表 3-3，图 3-12、图 3-13。

表 3-3　创建经费小组

项目	内容
任务名称	创建经费小组
重要性	4/5
频繁度	1/5
用户角色	管理员
用户痛点	1. 通知每个成员并获得其确认反馈的过程长，需要较多的跟踪工作量 2. 手动填写每个成员的信息需要较大的工作量
竞品短板	NA
设计目标	便捷：花费最小的精力完成小组创建和成员邀请确认
设计亮点	无须学习，一步创建

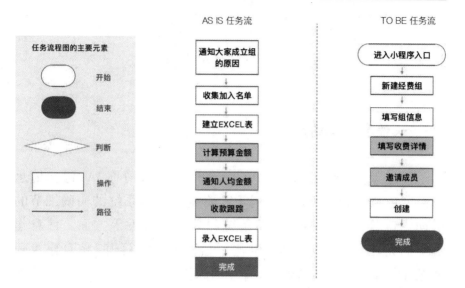

图 3-12　创建经费小组任务流程图（1）

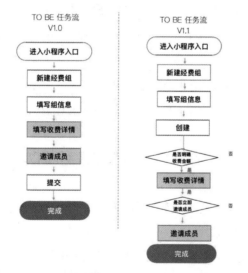

图 3-13　创建经费小组任务流程图（2）

第三节　信息架构设计

一、信息架构的定义

信息架构,英文 information architecture,简称 IA,包含信息的模型或概念,被使用和应用于需要复杂信息系统的明确细节的活动。这些活动包括图书馆系统和数据库开发等方面。信息建筑学的先驱信息、建筑师理查德·扫罗·沃曼写道:信息建筑师就像在创造系统的、结构的、有序的原则,通过精心构建使所从事的工作或想法、政策、通知明确。

在路易斯·罗森菲尔德和彼得·莫尔维莱所著的《信息架构:超越 Web 设计》(第 4 版)一书中给出了信息架构的准确定义。

(1)共享信息环境的结构化设计。

(2)数字、物理和跨渠道生态系统中组织、标签、搜索和导航系统的合成。

(3)创建信息产品和体验的艺术及科学以提供可用性、可寻性和可理解性。

(4)一种新兴的实践性学科群体,目的是把设计和建筑学的原理导入数字领域中。

优秀的信息构架需要考虑到诸多方面的设计影响因素,从宏观上看,我们将其称之为信息生态。具体包括情景、用户、内容三个方面(图 3-14)。

情景:一方面,所有设计项目都是在一定商业或非商业组织环境中存在的,而且每个组织都有自己独特的任务、目标、功能、资源、技术基础、愿景等。因此,信息架构必须与之相吻合,并从中了解特定情景的独特性,将信息架构与企业目标、策略、文化等统一起来。另一方面,需要考虑的是用户是从何种渠道使用信息架构的情景。例如手机或电脑设计,屏幕大小不同、移动或桌面操作的使用情景差异,就是信息架构在交互流程方面必须考虑的。

商业目标、资金、政治、文化、技术、资源以及限制

文档/数据类型、内容对象、数量、现存架构

受众、任务、需求、信息搜寻行为、体验

图3-14　信息生态

内容:内容是设计的传递物本身。对于内容进行设计时,应从几方面去考虑:内容有多样化的格式,图形、文字、数据等;内容的所有权如何;内容的数量多少;内容的时效性、周转率等。

用户:用户是将要使用信息环境的人。用户有需求、有偏好,在信息环境使用中有行为差异。信息架构设计时,需了解是谁在使用、他们如何使用、他们希望通过系统获得什么信息。

二、信息架构的作用

信息架构的作用主要体现在以下两个方面:
(1)让用户更方便快捷地找到自己想要的"东西"(信息)。
(2)作为页面导航的设计输入。

三、信息架构设计原则

从情景、内容、用户三方面去建构信息生态,是塑造优秀信息架构设计的重要法则。那么,信息架构设计的基本原则是什么?从项目开展进程之处到项目深入细化的过程中,我们如何展现信息架构不断深入的过程与阶段性结果?一般,信息架构设计原则体现为四个系统:组织系统、标签系统、导航系统、搜索系统。

另外,还有不可见的系统,如算法系统等。

图 3-15　信息架构的作用示意图

（一）组织系统

组织系统是信息的组织方式的规划,其受到多种因素的影响。信息组织系统设计时,需要考虑企业组织文化、用户行为习惯、运营成本与硬件环境等因素的影响。组织系统需要解决的棘手问题也不少,模糊性、异质行、不同观点的差异等。最终,设计者需要拿出精确的组织设计方案。常用的方案有哪些呢?

（1）字母顺序方案。

（2）年代顺序方案。

（3）地理位置方案。

这些常见的精确组织方案,具有逻辑性、符合大众认知习惯,无须多加解释。但是另一类组织方案并不精确,却更重要更有用。例如,用户在谷歌上检索一张青花瓷图片,开始检索时,并不知道要寻找的是瓶子等器皿,还是一个青花瓷手工艺人正在制作青花瓷的工作场景。这说明用户在找信息时,很多人并不明确地知道自己希望获得的最终结果如何,也不知道在哪个标签下去查找相应的信息。对用户来说,模糊性的组织方案更好用,常常通过几组标签结合检索便能找到满意的答案。模糊性组织方案,又称为"主观性"组织方案。采用模糊性组织方案,用户的使用自由度更大,但是对于信息架构设计而言却需要更加专业地去区分不同的标签和经常去优化分类。

模糊性组织方案包括主题组织方案、以任务为导向的方案、特定受众方案、隐喻驱动的方案等。在设计实践中,设计师一般会采用混合组织方案,以消除每种方案中的不足之处,优化组织系统。

确定组织方案后的设计步骤就是确定组织结构。组织结构,包含了层级结构和以数据库为导向的模式和超文本,它确定了用户浏览信息时的顺序。层级结构包括三种方法:自顶而下的方法、自底而上的方法(数据库模式)、超文本。当然,随着社交活动和社交网络的发达,使用者(用户)也能够自由地创造新的组织方案或新标签并共享给友人。在一个复杂的信息架构设计系统中,设计师往往是通过多种组织方案,建立具有逻辑和凝聚力的信息系统,让使用者快速学习并获取信息。

(二)标签系统

标签系统是一种表达形式,标签表示信息环境中更大的信息块。标签系统是信息架构的重点,也是难点。标签是品牌、视觉设计、功能、内容或可导航性的基础。常见标签类型各式各样。在信息环境中,我们经常会遇到两种形式的标签:文本型和图标型。尽管目前交互界面是高度视觉化的,但文本标签仍是最常见的标签形式。

概括来说,文本标签的开发设计主要包括以下几个方面的内容。

(1)情景式链接。

(2)标题。

(3)导航系统选项。

(4)索引词。

开发标签的原则,需要我们尽可能缩小范围,通过锁定明确的受众,减少某个标签可能表示的含义范围,这是原则之一。原则之二,开发一致的标签系统,而不是标签。通过对风格、版面形式、语法、全面性、粒度、用户等因素的设计,提高标签系统的一致性，让标签更容易学习和使用。

标签系统的灵感来源，最简单有用的一种方法就是抓住一个现有的标签。通过遍历整个系统收集标签，用简单的表格整理它们。表格包含标签清单、每个标签的概况，以及其所代表的文档。通过表格整理标签，更集中、更完整、更精确地推敲系统。最后，必须时常调整优化标签系统，因为，标签代表的是用户和内容之间的关系，这种关系是经常变化的。

（三）导航系统

导航系统是信息架构的一大支柱。信息的组织系统好比一个迷宫，用户身处其中，那么导航系统就是帮助用户知道身处何处、怎样到达目的地，并在这一探索新环境过程中，提供一种情景和舒适感。常见的导航系统主要有三种：全站导航系统、局部导航系统和情景式导航系统。建立导航系统时，需要考虑软硬件系统。桌面网页浏览器和移动设备应用中的外观和行为有所不同，但目标是相似的：提供情景和灵活性，帮助用户定位和探索前路。

另一方面，辅助导航系统，如站点地图、索引和指南，也是交互中不可或缺的工具。站点地图（英文 Sitemap），类似于目录的概念和作用。站点地图显示的是信息层次的前几级。它为系统中的内容提供了宽广的视野，便于跳跃式地访问不同区块的内容。

索引，是相对扁平的，只有一两个层级的深度，适合明确需要查询浏览内容的用户。例如，用字母为索引的网站和用年份为索引介绍发展历程的网站等。

指南（英文 guid）有多种形式，包括导游、教程等线性导航。新用户非常依赖指南，这样在使用系统时用户就能迅速适应。设计指南应把握原则：指南要尽量简短；要随时可以推出指南；指南的目标是回答用户的提问。

（四）搜索系统

搜索已成为现代人们获取信息的重要机制，然而并不是所有信息环境都需要搜索系统。搜索系统交互界面看似简单，但是后台的工作量不小。内容分类、搜索引擎的算法有很多选择，搜索结果显示给用户的方式有多种，因此，需要将搜索什么、检索什么以及如何显示结果都在搜索界面中整合起来。

四、信息架构分析步骤

信息架构分析步骤包括以下几方面：
（1）分析不同角色的核心关键任务。
（2）列出任务的优先层级。
（3）选定一个角色作为信息架构的展开者。
（4）信息层级设计。
（5）主页面元素规划。

五、信息架构案例分析——小经费首页信息架构梳理

第一步：核心任务提取。具体见表3-4。

表3-4　核心任务提取

角色	核心关键任务
管理员	创建群（4-1），发起收款（5-4），跟踪收款（5-5），查看余额（4-4）
成员	加入群（4-1），交款（5-4），查看余额（4-4）/ 发起报销（5-5）

第二步：列出任务的优先级别。
第三步：确定以哪个角色为准进行设计。
第四步：信息架构层级设计。

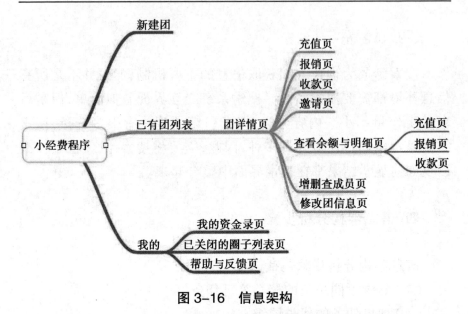

图 3-16　信息架构

需要注意的是,信息架构并不只是简单的分类和罗列。

第四节　关键页面绘制

一、线框图

线框图是基于系统表现模型的有限状态网络,因此它与用户的心智模型的形成密切相关。

(一)线框图优化策略

除了遵循已有的状态转移网络优化策略之外,系统线框图需要同时从用户的视觉和认知的角度进一步优化。

1. 充分必要的信息披露

系统应该通过视窗反馈给用户足够的状态信息。如通过一个指示灯,我们就可以知道手提电脑是处在休眠还是关机状态。

如果状态信息不充分,就会造成使用中的困惑和不便。

2.Hick 公式

小世界特性要求系统的状态转移网络连线尽可能少,而平均特征路径长度尽可能短,所以经常会出现一些连接强度较高的枢纽节点。而 Hick 公式限制了状态转移网络中每个节点的集聚程度,即每个状态连接的出口不能太多。

状态节点视窗上的选项和出口太多,造成用户决策难度增加。这里用户的决策难度是以 Hick 公式来衡量。Hick 公式以英国心理学家威廉·埃德蒙·布克(William Edmund Hick)命名,它可以被简单地表述为"当选项增加时,下决定的时间也增加"。Hick 公式可以用来测量面对多重选择时,作出决定所需要的时间,适用于简单判断的场景,但对需要大量阅读和思考的情景并不适用。

Hick 公式表明:在 n 个选项当中选择一个选项所需要的时间,正比于选项数加 1 的对数(以 2 为底):

$T=a + b\log_2(n+1)$

它仅适用于所有选项被选择的概率相同的情况,公式中的参数通过设计实验的经验来确定。

根据 Hick 公式,当一个界面有多个选项时,用户将需要越多的时间来作出决策。因此控制选项数量是减少界面复杂度,从而减少用户反应时间、提高界面使用效率的有效手段。当然,这里的控制选项数量,并不是指单纯地将某一页面的选项通过分组与分层进行减少(根据 Hick 公式,有些情况下这种做法甚至会增加用户反应时间),而是要求设计师在设计系统状态转移网络的时候,通过合理规划任务路径,避免将过多的选择出口放在同一状态,从而减少节点的连接强度,以达到简化界面的复杂度、降低用户决策难度的目的。

3. 渐进披露

另外一种减少认知过载、帮助用户管理功能丰富的网站或应用程序的复杂性的策略称为渐进披露。渐进披露不只是按照从"抽象到细节"显示信息,更主要的是引导用户逐步从简单的使用到复杂的操作。其最正式的定义,是"将复杂和不常用的选项移出主用户界面,进入第二层级画面"。同时,当功能的层级较多的时候,应谨慎采用全局切换,更多采用局部的弹出和扩展,以确保视窗在视觉上的连贯性。

渐进披露在软件中常用来掩盖复杂性,将一些次要的选项隐藏起来,可以有意识地在某个时刻制造"复活节彩蛋"的效果,意外发现的喜悦会令用户更加难忘。

4. 可学习和可发现

可学习性和可发现性是验证系统表达是否符合用户心智型的两个指标。心智模型可以看作用户主观对系统简化加工过的一个状态图。一个具有良好可发现性和可学习性的系统,可以让用户轻易地通过有限数量的交互,推测系统状态机的整体结构。一旦用户对系统建立了心智模型,用户便会对各种操作后可能的结果进行推理与预测。这将使得用户对该系统的使用变得简单轻松。因此在系统框架设计环节,要尽量帮助用户建立合理的心智模型,从而提高系统的可学习性与可发现性。

5. 设计规范和设计再用

设计再用在交互设计中是很常见的,之所以这么做的原因,一是因为已有设计已经被用户接受与认可,具有很好的易用性与效率,新的设计可能会带来用户的不适;二是因为集成利用成熟的状态转移网络结构,有利于保持系统的一致性、稳定性和减少开发工作量。尤其在对于特定平台,比如 iOS 或者 Android,有必要在其 MVC 上遵循平台已有的开发规范。

对一些常见的信息架构模式，用户普遍已经熟悉并有着很好的易用性和效率，如网页设计导航中最常用的树形结构（有时也称为层次结构），一些简单的 App 常采用的线性结构。在新的设计中再次利用这些结构，是提高设计开发效率的有效方法，也是提升可用性的策略。

（二）纸原型和可用性自检

在以屏幕为基础的用户界面中，设计师在早期通常用纸原型来验证系统设计。目的是验证系统框架的逻辑是否能被用户正确理解。这种方法现在更多地采用 PPT 等可交互电子文档。

1. 可交互纸原型

除了手绘纸原型，现在设计师更倾向于用计算机图形软件辅助手绘制作纸原型。采用这种方法可以节约制作时间，同时可以有效地遵循系统的 UI 设计规范。

一些计算机辅助原型工具可以帮助我们快速搭建验证原型，如 Expression Blend、PPT、Processing、Auxer、Flash 等。即使最简单的原型制作应用程序都可以实现草图的自动交互功能。

2. 可用性自检

可用性自检（usability inspection）是设计师对可用性这一用户体验要素进行宽泛且快速的测试。可用性自检中最为常用的是认知走查（cognitive walkthrough）。认知走查是指当设计者准备了原型或设计的详细说明后，邀请其他设计者和用户共同浏览并表达意见。界面设计的纸原型的目的就是为了配合开展认知走查，"认知走查模拟用户在人机对话各个步骤采用的求解过程，判断用户能否根据目标和对基本操作的记忆，正确地选择下一个操作"。

认知走查主要是评估系统的可发现性和易学性。通常采用过道测试形式开展，即从过道上随机拉来一些其他部门的同事，对新的系统进行评测。

3. 计算仿真

通过计算建模来测试某个设计方案的性能，是计算机辅助设计技术中非常重要和普遍的方法。在人机交互系统的设计中，我们也可以通过计算仿真来验证不同的设计方案，尤其是一些布局、步骤和结构优化问题。

假设我们的手机只有 9 个按键，但是要输入 27 个字符，27个字符在英文中出现的概率不相等，按照字母表简单分配的九宫格输入法，其字符编码方案理论上一定不是最优的。由于所有可能的按键编码方案数目非常庞大，如果不考虑人们的已有习惯，找到理论上最合理的编码方案只能通过计算仿真，也就是建立用户击键模型[1]。

与 KLM 相似，GOMS 测试方法通过把人看作整个系统的一个确定性的部件进行建模，通过建立一个 GOMS 用户操作行为模型，并提供一个典型任务集合，可以对多个信息架构的效率进行比较。在一些系统的状态转移网络中，设计师将一个常用子任务隐藏在较深的层级中，通过 GOMS 模型优化，就有可能避免这一缺陷。

（三）关键页面线框图绘制——尺寸选择

1. 原型尺寸相关概念

英寸是指屏幕对角线的长度。

---

① 击键模型是一种用来估算用户按键输入信息时间的评估方法。KLM 将一系列任务，如文本输入，分解成按键水平的基本操作，每个操作通过少量实验统计可以估计其固定花费的时间，这样就可以计算用户在不同编码（不同基本操作组合）方案下完成这一系列任务所需的时间。

px：像素，是设计师使用的最小设计单位。

pt/DP：点，开发人员使用的值。

dpi：每英寸（长度）所包含点 pt 的数目。

ppi：每英寸（长度）所包含的像素点数目。

倍率：指屏幕中一个点中有几个像素。

$$PPI = \frac{\sqrt{X^2 + Y^2}}{\text{屏幕尺寸}}$$

屏幕分辨率：X × Y

pt 与 px 的关系：和屏幕的硬件技术强相关。

把 pt 看作一个物理区域的标准大小，px 就是存在于这个物理区域内的实际像素的密度最开始的时候，1pt 等于 1px。当视网膜的屏幕出现时，1pt 变成了 2px，当 2k 屏甚至 4k 屏出现的时候，1pt 变成了大约 3px。

2. 原型尺寸选择——Iphone

表 3-5　原型尺寸选择——Iphone

机型	屏幕尺寸	设计尺寸	开发尺寸	PPI	倍率
iPhone1/2G/3G	3.5 英寸	320 × 480px	320 × 480pt	163	1 倍图
iPhone4/S	3.5 英寸	640 × 960px	320 × 480pt	326	2 倍图
iPhone5/S	4.0 英寸	640 × 1136px	320 × 568pt	326	2 倍图
iPhone6/7/8/S	4.7 英寸	750 × 1334px	375 × 667pt	326	2 倍图
iPhone plus	5.5 英寸	1242 × 2208px	414 × 736pt	401	3 倍图
iPhone X	5.8 英寸	1125 × 2436px	375 × 812pt	458	3 倍图

3. 苹果手机 pt 与 px 的对应关系

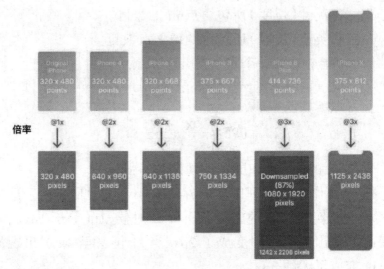

图 3-17　苹果手机 pt 与 px 的对应关系

二、导航

(一)导航的概念

导航原本是指监测和控制工艺或车辆、飞行器、船舶从一个地方移动到另一个地方的过程。在交互设计中,导航的意义是引导用户使用产品、完成目标的工具。

概括来说,导航可以分为功能导航和内容导航。

(二)常见导航类型

1. 标签式导航

标签式导航又叫选项卡式导航、tab 式导航。它又可以细分为顶部标签式导航、底部标签式导航、App 舵式导航。标签式导航是一种最常用、最不易出错的导航。

2. 抽屉式导航

抽屉式导航又叫隐喻式导航。如果信息层级繁多,可以考虑将辅助类内容放在抽屉中。

3. 列表式导航

作为辅助导航来展示二级甚至更深层级的内容,每个 App 必不可少,但请注意数量与分类。

4. 平铺式导航

平铺式导航又叫陈列馆式导航、轮播式导航。如果内容是随意浏览,无需来回跳转的,可以考虑它。

5. 宫格式导航

宫格式导航又叫跳板式导航、快速启动式导航。基本是最后一层跳转用,不建议做主导航。

6. 悬浮式导航

悬浮式导航更适应大屏的导航模式。使用时需要注意不要让它遮挡住某些页面的操作。

此外还有超级菜单式导航和仪表式导航。超级菜单式和仪表式在手机 toc 端的应用比较少,一般用于大型系统。

（三）C 端应用常见导航设计

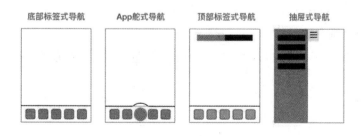

底部标签式导航　　App 舵式导航　　顶部标签式导航　　抽屉导航

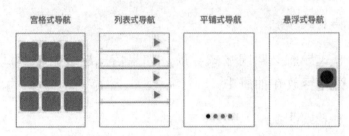

图 3-18 C 端应用常见导航设计

三、首页

产品的首页设计非常重要。首页就是产品的形象和气质,首先要符合产品的定位和用户定位,再把最想给用户传达的信息展示出来。

(一)首页的类型

1.通用型首页

(1)设计特点

①模版化的提供活动 banner、主要信息分类、主要功能、推荐、广播以及明确搜索入口。

②主要信息、功能分类多用宫格式导航设计。

③首页不是用户主要的交互场景,主要起导航作用。

(2)优点

①清晰的告诉用户产品有哪些功能。

②有效引导用户进行下一步操作。

(3)应用产品

大多数产品的设计,特别是综合性较强以及复杂度较高的产品。

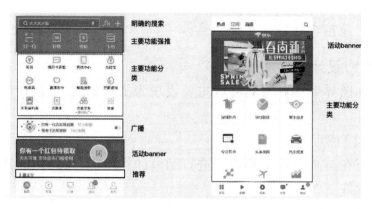

图 3-19　通用型首页

2. 列表型首页

（1）设计特点

列表型首页特点主要表现为直接将最主要交互用操作、用列表或者卡片的形式展示出来。

（2）优点

①简化了操作层级，信息明确。

②机动性强，可以时时滚动。

③触发性强。

④效率很高。

（3）应用产品

列表型首页主要应用于社交、视频、论坛、新闻类产品的设计。

图 3-20　列表型首页

3.地图导航型首页

（1）设计特点

地图导航型首页的特点主要表现为依托地图,直接在地图上做设计。

（2）优点

①在首页就直接和用户进行细致的场景交互,用户的体验感知非常好。

②产品特点非常明确。

③降低用户的学习难度,直观性强。

④智能定位,减少用户操作时间。

（3）应用产品

地图导航型首页主要应用于出行导航类产品的设计。

4.直接型首页

（1）设计特点

直接将产品最核心功能,最常见的操作放首页,没有太多别的信息,基本没有下拉动作,其实和地图导航型的设计有异曲同工之处。

（2）优点

①操作一步到位,没有层级跳转。

②产品特点非常明确。

③操作效率很高。

（3）应用产品

直接型首页主要应用于精专、单一功能的工具类产品的设计。

图 3-21 地图导航型首页

图 3-22 直接型首页

（二）C 端产品分类以及首页设计特殊性分析

表 3-6 C 端产品分类以及首页设计特殊性分析

类型	典型产品	首页设计特殊性备注
游戏	开心消消乐、王者荣耀、愤怒的小鸟、植物与僵尸、纪念碑谷	特殊
娱乐视频	优酷、爱奇艺、哔哩哔哩、西瓜视频、QQ 音乐、网易云音乐、全民 K 歌、斗鱼直播	可特殊
工具	讯飞输入法、Wi-Fi 万能钥匙、测速大师	通用
社交	微信、QQ、微博、知乎	可特殊
教育学习	百词斩、扇贝单词、金山词霸、新华字典、有道翻译	通用
摄影拍摄	美图秀秀、美颜相机、Faceu 激萌、无他相机、Foodie	可特殊
新闻	今日头条、搜狐新闻、腾讯新闻	可特殊
出行导航	滴滴、百度地图、高德地图、哈罗单车、青桔单车	特殊
旅游	马蜂窝旅游、携程旅行、飞猪、艺龙旅行、蚂蚁短租、小猪短租、12306	通用

类型	典型产品	首页设计特殊性备注
购物	淘宝、天猫、京东、拼多多、网易严选、苏宁易购、美团、大众点评	通用
金融	招商银行、平安口袋银行、支付宝、中国建设银行、交通银行	通用

四、排版布局

(一)排版布局的定义与原则

排版布局顾名思义就是对页面的文字、图形或表格进行排布、设计。其首要原则是：无论用什么方式最重要的元素放在最显眼、任何时候都能操作到的地方。

(二)布局与排版——黄金比例

黄金分割比大家应该不陌生,它在艺术和美学上有很高的地位。我们都知道它是一个无限不循环小数,一般取前三位小数0.618。在 App 的交互设计中,黄金分割比用得好,整体的布局就会非常舒服,其中 iOS 系统就是典型范例。

1. 黄金比例的画法

(1)画一个正方形。

(2)A 为正方形底边中点,以 AB 为半径画一个圆弧,与正方形的底边延长线相交于 C。

(3)以 C 点为顶角补齐一个矩形,就是 1∶1.618 点黄金分割矩形。

(4)画出大矩形的对角线 DE,得到 F 点,然后以 F 点为顶点得到新一组黄金分割矩形 BFCE,包含正方形 1 和矩形 1'。

(5)再画出黄金分割矩形 BFCE 的对角线,得到 G 点,以 G 点作为顶点又得到一组新黄金分割矩形 BFGE,包含正方形 2 和矩形 2'。

（6）由此可以无限分解下去，可以得到无穷黄金分割矩形。

（7）使用每个黄金分割中的正方形的边长为半径画圆弧，连接圆弧构成常见的螺旋线。

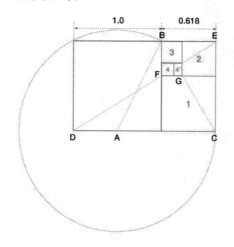

图 3-23　黄金比例的画法

2. 黄金比例的实际操作用法

螺旋线其实在应用中会不太方便，一般来说使用最多的是黄金比例线，以及黄金比例矩形。

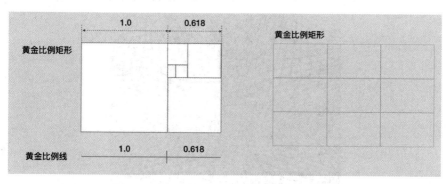

图 3-24　黄金比例矩形和黄金比例线

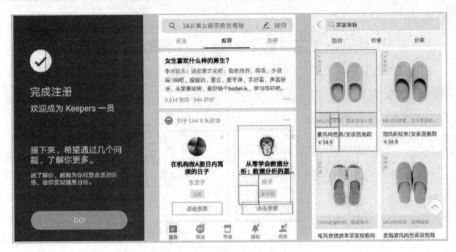

图 3-25　黄金比例实际应用

（三）布局与排版——栅格化

栅格化，是 PS 中的一个专业术语，栅格即像素，栅格化即将矢量图形转化为位图（栅格图像）。

在交互设计中，通过水平线和垂直线来组成"格"并用"格"来控制元素之间的组合，合理地设计元素对齐、排布，可以让信息表达得更清楚。对于复杂页面以及多页面系统的设计有很大帮助。

栅格化在 App 的设计中，一般有两种用法：分配布局和成格比例。

图 3-26　栅格化示意图

栅格化应用案例：成格比例

将页面分为无数个（n）个标准栅格，所有元素的宽度都是 a 或者 A 的整数倍。具体关系表现为：

w：页面的宽度

a：一个栅格的宽度

i：栅格之间的间隙

A：一个栅格单元的宽度

A=a+i

w=（A×n）－i

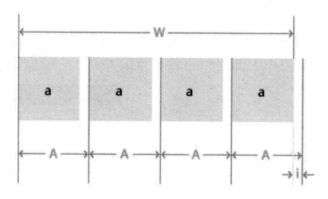

图 3-27 成格比例

在目前的设计中，一般多分为 12（图 3-28）、16、24 格。

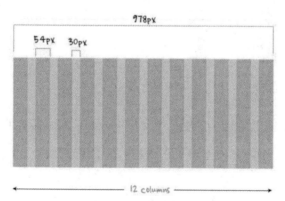

图 3-28 12 栅格比例

(四)格式塔原理

格式塔原理是心理学中一种解释人类视觉工作的原理。其中最基础的发现就是人类的视觉是整体的。我们的视觉系统自动对视觉输入构解结构,并且在神经系统层面上感知形状、图形和物体,而不是只看到互不连接的边、线和区域。

"形状"和"图形",在德语中是 Gestalt,因此这些理论也就叫做视觉感知的格式塔(Gestalt)原理。

1. 接近性原理

接近性原理主要表现为互相靠近的物体看起来属于一组(整体)。在所有原则中,接近性占的权重最大(图 3-29、图 3-30)。

图 3-29　接近性原理示意图　　　图 3-30　接近性原理实例图

图 3-31 和图 3-32 进行比较可以看出,图 3-31 首先在需要跳转新页面以及设计单一内容的信息时是不需要加提示符;其次提示符应该紧紧靠着内容才会不容易出现误解。图 3-32 则简洁明了,自然成类。

图 3-31　钉钉　　　　　　　　图 3-32 微信

如图 3-33、图 3-34 所示分别为饿了吗原版和改良版。改良版明显体现了接近性原理。

图 3-33　饿了吗原版　　　图 3-34 饿了吗改良版

以下排版布局方式,本质都是利用了接近性原理,具体见表3-7。

表 3-7　不同排版布局方式分析

	卡片式设计	分割线	无框设计
形式	Inside out design 由内而外的设计 本质是为了更好地处理信息集合	最传统也是最常见的以"线"为分隔方式的设计	去除界面中边框分割线，用间距或者图片来区分内容
特点	1. 增加空间利用率 2. 区分不同维度 3. 提升可操作性	1. 起到分隔、组织、细化的作用 2. 帮助用户了解页面层次 3. 赋予内容组织性	1. 视觉冲击力强 2. 简洁显格调 3. 比较容易出创新
注意	运用不当会造成空间浪费和增加设计时间	需要处理好"线"的间距、粗细、颜色等问题	内容复杂，关联性不强的产品采用无框设计，容易杂乱
范围	合适任务相对复杂内容比较丰富的产品	属于比较保守的设计几乎所有产品都可用	以大图为主 内容有规律 小众且垂直产品

　　利用分割线,物理的将内容"不接近"因此看起来各自成为一组。如图 3-35 所示的全分割式,能让信息更加独立明显。

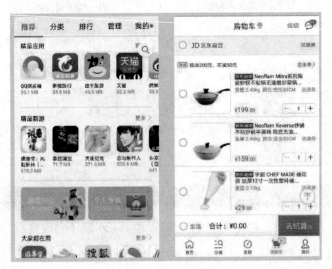

图 3-35　全分割式

2. 相似性原理

如果其他元素相同,相似的物体看起来属于一组(整体)。形状、大小、颜色、方向等都是相似性衡量的权重,其中颜色占的权重较大。

图 3-36　相似性原理示意图　　　图 3-37 相似性原理实例图

在陈列和大量图标的页面中,通过相似性原理利用用颜色,或者形状进行分组,使得页面看起来更简洁大气。

如图 3-38,虽然利用接近性原理进行了分类,但是由于每一类别等颜色不统一,看起来还是凌乱。又如图 3-39,利用接近性原理同时,再用相似性原理,用相似的颜色作为分割,看起来更清晰明了。

图 3-38　钉钉　　　　　　　图 3-39 网易严选

　　导航和多图表内容在一起的时候,需要利用相似性原理来有效区分。

　　如图 3-40,导航颜色和其他图标太相似,容易引起混淆图标类型没有区分,内容陈列混乱。又如图 3-41,导航通过颜色不相似和别的图标区分,清晰了然,内容通过间隔(不接近)来区分,容易查找。

图 3-40　肯德基　　　　图 3-41 淘宝

　　相似性原理除了用来作为区分和分割用之外,在一些展示应用中,特别是图片展示设计中,反而会显得整体性更强,效果更好,如图 3-42、图 3-43。

　　导航和内容相似性太强的时候,需要通过其他的原理来区分,才不会显得凌乱。

　　如图 3-44,2 级导航的图示和展示内容台接近,看起来凌乱。如图 3-45,2 级导航的图示和上面的内容图标大小和颜色都很接近,区分度差。如图 3-46,和图 3-44 一样,2 级导航也是实物图片,可以通过大图或者选项将导航和展示内容隔开,页面会显得清晰。

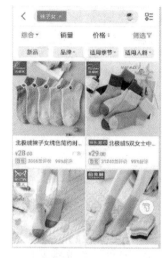

图 3-42　京东

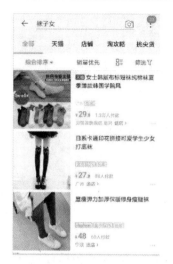

图 3-43 淘宝

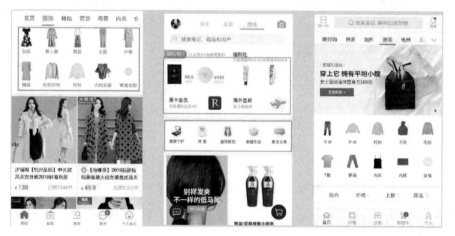

图 3-44 拼多多　　　　图 3-45 小红书　　　　图 3-46 网易严选

3.连接性原理

连接性原理视觉倾向于感知连续的形状,而不是离散的碎片。连续性原理在 C 端应用不多,但是在 B 端以及页面中应用非常普遍,特别是在线状图的设计上,特别需要注意隔断,不然很容易引起混淆。

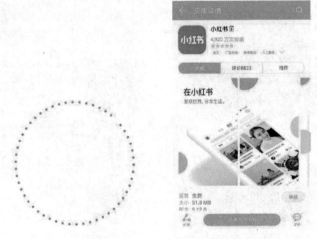

图 3-47 连接性原理示意图　　图 3-48 连接性原理实例图

　　由于连续性原理,两个图表很容易看成一组,从而造成混淆,如图 3-49。

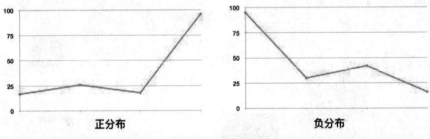

图 3-49　正分布与负分布（1）

　　当有多图表设计时,一定要注意用接近性或者相似性原则来将各个图表明确区分,才不容易造成误判断,如图 3-50。

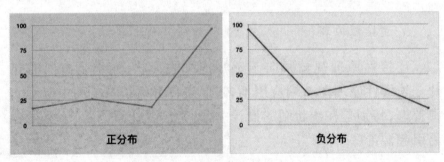

图 3-50　正分布与负分布（2）

4. 封闭性原理

视觉系统会自动尝试将敞开的图形关闭起来,从而将其感知为完整的物体而不是分散的碎片。

当设计一个较为复杂的页面时,需要断开,那么最好预留部分,这样用户就会有意识地去填补空缺。这又叫截断式设计。

图 3-51　封闭性原理示意图　　图 3-52 封闭性原理实例图

5. 主体／背景原理

我们的视觉是分主体和背景的,主体包括一个场景中占据我们主要注意力的元素,其余则是背景。

当多个元素叠加在一起时,我们首先会认为小的元素在前面。通常,主体和背景的差别感知由场景的特点和观察者的注意焦点共同决定。

提示框和弹出框中,主体／背景原理应用非常普遍,在设计时需要注意背景的灰化,或者主体的颜色突出,如图 3-55、图 3-56。

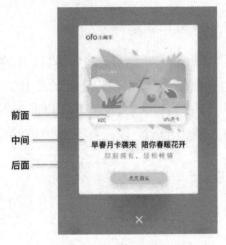

前面

中间

后面

图 3-53 主体 / 背景原理示意图　　图 3-54 主体 / 背景原理实例图

图 3-55 猫眼　　　　　图 3-56 链家

第四章 交互设计中的原型设计与模式应用

原型作为最直观的设计表达形式可以使各利益相关方更早参与设计决策,并有助于尽快发现纸面设计中存在的问题,更早进入用户测试并获得反馈。模式(Pattern),即解决问题的方法的集合。前人从实践的经验和教训中归纳总结出解决问题的模式,可以给予面临同样或相似问题的后人以参考和指导。由此可以看出,模式的价值在于给出问题的解决方案,并提高解决问题的效率。本章将对交互设计中的原型设计与模式应用展开论述。

第一节 交互设计中的原型设计

一、原型设计的释义

原型(Prototypes)就是用可视化的方式将产品或系统的功能及接口快速开发并制作成"模型",用以测试并征求意见,确定用户需求。原型常用于在设计团队内部,作为设计研究的对象和改进的接口。在交互设计中需要根据交互设计的思路制作出一套原型,以此不断验证想法,评估其价值,并且可以更深入地帮助设计师了解用户使用过程中的体验,为进一步改进设计提供第一手的资料。设计并完成原型的过程被称为原型设计。在著名的设计公司IDEO,设计团队对于原型设计的态度是极为宽容的,并不是一定有非常完善的方案时才进行原型设计。设计的过程原本就是迭代的,完成原型设计能更好地帮助设计师找到设计上的缺陷,并加以完善。原型设计往往能帮助跨学科的设计团队更有效率地完成工作。

由于互联网以及其他信息产品的特殊性,我们需要快速而低廉地创造产品的原型。可以用原型设计软件创建原型,也可以用身边的纸和笔,创建原型,还可以和团队成员,在某一个角落,利用简单的工具,创建原型。同时,由于原型设计传递的是用户最后可能使用的界面,所以它能使我们将焦点落在用户的层面来思考。这对于避免我们把产品变成功能的堆砌和组合有重要作用。因为原型设计的这些特点,所以在产品设计和项目开发中被广泛采用。

二、交互设计中的原型设计

交互设计中的原型设计按其表达产品的真实程度,可以分为"低保真原型"和"高保真原型"两种。低保真原型的作用是确认产品的需求和逻辑,处于探索阶段,所以低保真原型通常会很简陋;而高保真原型会高度仿真产品的最终形态,是用于检验的最终产物,也可以作为产品开发的标准。

(一)低保真原型设计

1.低保真原型设计的释义

低保真原型设计(Low-fidelity Prototype)是用最简单、快速的手段有效地、近似地表现设计概念。低保真原型设计常采用便签纸、纸板的方式制作交互设计中各界面的原型。通过人工的移动或转换纸板模拟用户界面的运行。纸上原型设计的方法已经被证明是最有效的设计和改进用户界面设计的方式。

图 4-1　故事板的纸质低保真原型套件[①]

2. 低保真原型设计的优点

不论产品的类型如何,所有的低保真原型都具备以下几个优点:

（1）在早期检测和修复主要问题

建立低保真原型可以快速接触用户的反馈,可以将问题可视化,并解决关于产品的易用性和功能上的核心问题。通过剥离不必要的装饰和设计,以及影响用户视觉和感知的最终形态,能够呈现出设计的核心想法和概念。在这个阶段,发现问题是产品最终能够成功的关键。在 1992 年软件原型和进化发展 IEE 座谈会上,有专家论证了快速原型可以解决大约 80% 的界面问题,在真正满足用户需求的产品设计过程中,低保真原型在一开始就为设计师敲响了警钟。除了帮助设计师发现重大问题,低保真原型同样可以促进解决这些问题。在 2012 年原型的心理体验研究中,斯坦福和西北大学的研究者们发现低保真原型能够引领他们重新分析失败,以此作为学习机会,培养进步意识并强化对创新能力的信念。研究结论表明建立低保真原型不仅仅影响最后的产品,也影响着设计师在设计进程中的参与程度。

（2）低保真原型构建更容易且成本更低

不论个人或团队,只需很少或根本不需要专业技能即可构建

---

① 图片来源于：https://www.zhihu.com/question/31609683

低保真原型。只要产品和项目目标是清晰明确的,那么低保真原型的重点不会放在形式或功能上,而是关键点上。设计师需要思考接下来应把资源放在哪里? 哪些地方应该避免资源浪费? 哪些功能对用户来说才是关键? 那些原始设想方向对了吗? 是否需要转变方向或扩展其他选项?

(3)获得反馈以侧重于高层次的概念而不是执行

原型设计的目的是获得反馈,与高保真原型相比,低保真原型外表粗糙,主要是用于验证产品的基本假设及核心价值;高保真原型设计更加精细,将重心转向了产品的美观程度,用户可能会对字体的选择,色彩组合和按钮尺寸等细节发表意见而忽视他们对高层次概念的想法,比如流程规划、界面布局和语言等。因此,低保真原型可以强制用户思考核心内容而不是外表。

(4)更有迭代的动力

迭代是交互设计过程中真正的关键,可以灵活地修正设计概念和需求。由于设计低保真原型所付出的时间和成本明显较少,能够激励设计团队进行反复的迭代,不断地改进设想,甚至从头开始做出巨大改变,尽快地设计出与市场对应的解决方案。

(5)技术门槛低,易于携带和展示

低保真原型能够通过简单工具快速设计出来,可以是纸质的,白板的,也可以是软件制作,并且容易携带和展示。高保真原型需要消耗大量的时间和精力,模拟产品最终的视觉效果、交互效果和用户体验感受,需要通过软件技术实现交互效果,而且一些高保真原型需要特殊设备或环境才能展示。[1]

(二)高保真原型设计

1.高保真原型设计的释义

高保真原型设计(High-fidelity Prototype)是用最接近最终

---

[1] 廖国良.交互设计概论[M].武汉:华中科技大学出版社,2017.

产品效果的手段表现设计概念。高保真原型设计常采用数字软件辅助的方式来完成原型设计,这是因为数字软件的制作方式可以更好地模拟接近最终效果的图形界面和更好的交互性。但是由于制作时间稍长,所以通常在设计基本确认的情况下才使用。

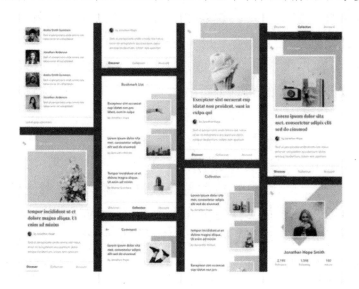

图 4-2　高保真原型设计 [①]

2. 高保真原型设计的优点

高保真原型具备以下几个优点:

(1)明确设计并降低设计人员与开发人员的沟通成本

建立高保真原型可以解决早期阶段需求模糊的不确定性。清晰的可视化设计,能清楚地告诉团队成员,要做的可视化产品是什么样子,产品的功能需求、信息架构和用户体验有哪些,最终从用户的评价中获得需求,明确设计。同时,在团队协作中充斥着各种产品需求说明文档、流程图、交互文档、设计概念图和交付件等,不便于不同工作人员的沟通与交流。而借助高保真原型,所有人只用看一个交付件,并且这个交付件可以反映最新的、最好的设计方案,产品的流程、逻辑、布局、视觉效果和操作状态。

---

① 图片来源于: https://www.uisdc.com/prototyping-to-mockup

虽然制作高保真原型需要花费更多的时间和精力,但这完全可以降低沟通损耗,带来顺畅的开发制作流程。如果是远程协作的团队,这个好处会加倍放大。

（2）减少项目风险并保证提高项目成功率

高保真原型使客户的想象更具体化,帮助客户说明和纠正不确定性,降低了项目风险。此外,通过高保真原型和客户充分交流,提高了客户满意度,项目成功率更高。高保真原型可以在只投入少数开发力量的同时进行各种测试,帮助开发者模拟大多数使用场景,尽早对产品进行验证。

（3）工作量具体化并保证产品质量

产品的开发有迭代的短期开发,以源源不断的小成果持续验证产品,是为了避免风险,然后持续改进。高保真原型使设计、开发和测试等环节评估工作量变得有据可依。同时,用高保真原型验证产品的市场,获取最早期的市场信息,它是真实产品的试金石,能够保证产品的质量。[1]

综上所述,如何在项目中合适的展示逼真度是一个值得注意的问题。在产品的概念阶段,我们只需要展示集中功能层面,界面上要大概承载几个功能;在产品功能确定后,我们可以逐步将功能和信息块细化,增加设计模式;在视觉设计阶段,可以将界面更加精细化,增加细节、样式、色彩,更接近线上发布版本。所以,重要的是将注意力集中在产品团队的手头上的紧要问题。不要关注太多的细节,直到设计的关键组成部分已经确定。举例来说,核心导航在哪里? 广告在哪里? 这些问题决定页面的基本结构,可以通过低保真线框决定。而解决更多和更详细的问题可以通过一步步增加的线框的保真度来解决。保持最关键的要素讨论焦点。

但在实际中,适时的展示细节也会遭到挑战,很多原因来自于产品的接受者通常不能正确理解低保真线框图所代表的意义,

---

[1] 廖国良. 交互设计概论 [M]. 武汉：华中科技大学出版社, 2017.

他们通常会说:"不,这不是我想要的!这太粗糙了。"所以针对这类需求,你可以提交一个相对逼真的原型版本,有助于他认识到最后线上的界面会是什么样的。

三、交互设计中原型设计的技巧

交互设计中如何进行原型设计涉及以下几种技巧:使用合适的设计模式,有效的可视化交流以及采用合适的原型工具。

（一）使用合适的设计模式

设计模式(Design pattern)是面向一类问题的通用的设计解决方式。比如产品需要搜索功能,那么就需要搜索框(Search Bar);需要开关功能,我们可以提供广播按钮(Radio Button);而对于复合的选择,我们可以提供多选框(Check box)。有些设计模式是系统自带的,有时候也叫控件库,更多的模式则需要我们在实际中,根据不同问题,设计相应的形态。事实上,随着互联网产品的应用喷发式的增长,我们已很难给出对设计模式大而全的定义,具体来说,即使一个通用的翻页,在不同的产品中,形态也不同。

这里需要阐述的是,在设计或者对原设计模式进行创新的时候,始终要坚持的一条原则是:让设计模式提供可见性,是什么就应该像什么,从而让用户理解如何操作。

（二）有效的可视化交流

可视化交流,是一种结合的产物,包括可视化的组织、用看与感觉来表达内容的最佳方式。它的意义在于,通过各种视觉元素的合理应用,有助于用户从整体上去理解界面的信息的层次;引导用户随着时间发展顺畅的使用产品。一些巧妙的设计,往往能带给用户愉悦的使用体验。可视化交流(又称视觉传达)和传统意义上的视觉传达的不同之处在于:(1)由于媒介的差异,在信息传递的重点上,可视化交流是基于信息的可用性,信息的设计需要满足用户查找方便的需求,而不是单纯的传递;(2)由于涉及行为,可视化交流关注信息的分类和组织,设计模式的形态和展示,实现是什么,应该像什么的原则,方便用户理解并执行操作。

1. 我们如何使显示的内容清晰区

分相似的和不同的元素,把一些信息分组,给它命名一个意义,然后边阅读边理解。

2. 关联是什么

关联指在单独元素之间,兼顾整体,构成一个可以理解的"故事"。如图4-3所示,颜色、纹理、形状、方向、尺寸都可以成为我们观察和理解"相同"和"差异"的关联元素,从而创建视觉差异。

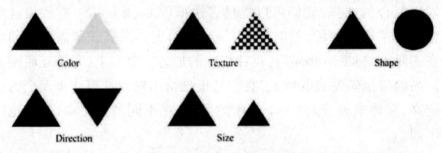

图4-3 视觉元素的五种关联形式

3. 怎样创建有效的视觉层次?

(1)创建一个中心关注点来吸引浏览者的注意。

(2)创建兼顾顺序和平衡的条理。

(3)在整个过程中,引导浏览者,换句话说,它就是在讲故事,就像所有精彩的故事都具有开端、高潮和结局。

如图4-4所示,该页面将苹果的产品集中在中间的区域,我们可以明显感觉到上下的线性组织关系,这是一个令人印象深刻的层次设计。

图 4-4　苹果公司网站

（三）使用 Axure 设计线框图

Axure RP 能帮助设计者，快捷而简便地创建基于网站构架图的带注释页面示意图、操作流程图，以及交互设计，并可自动生成用于演示的网页文件和规格文件，以提供演示与开发。对交互设计来说，Axure 软件有以下几个优势。

（1）Axure RP 内置了很多设计模式，可以快速创建带注释的 wireframe 文件，并可根据所设置的时间周期，自动保存文档，确保文件安全。

（2）内置大多数的 widget 可以对一个或多个事件产生动作，包括 OnClick、OnMouseOver 和 OnMouseLeave 等。

（3）输出的文件可以直接用做早期的可用性测试，并根据反馈修改版本，甚至现场修改版本。

尽管 Axure 以及其他原型工具为我们提供了很多方便，节约了时间，但作为设计师我们还是建议加强自身的纸面原型能力，因为它更是一种随时随地展开思考和设计的好方法。

四、原型设计的方法

原型设计的方法主要体现在以下几个方面：

（一）组织信息结构

不同的产品有不同分类或属性，也对应着不同的实体对象。我们首先要对产品中可能呈现的信息进行分析组织，然后进一步从信息重要性等因素出发，进行分类规划，初步形成整个产品的导航结构。

以在线购买电影票产品为例，最重要的两个实体对象是电影和电影院。其中电影按照上映状态可以分为正在热映和即将上映两类，每个影片对应着不同的属性值，包括电影名称、类型、评分、上映时间、导演、演员、剧情、剧照、预告片和观众评论等。电影院可以按照地理位置进行划分，或按照影院品牌等分类方式划分，每个电影院同样可以包含不同的属性值，例如影院名称、具体地理位置、联系电话、评分、用户评论和用户距离等。影片和电影院对应后，会有场次时间、价格和座位选择等信息。

（二）设定任务流程

用户使用任何产品都有目的性，为了达到目的，用户需要按照产品设定的流程，采取一系列的操作不断接近最终想要的结果。每个任务有不同的优先级，可以从重要程度、使用频率和潜在用户数三个维度进行综合考虑。通过梳理产品中包含的任务流程以及主要任务和次要任务的区分，可以明确任务流程，并结合梳理的信息结构，进一步得出页面流程和跳转逻辑。

比如用户想购买一款剃须刀，他首先需要打开购物类网站，然后在搜索栏中输入剃须刀并点击搜索，接下来可能通过选定品牌、价格等条件进一步筛选，再逐个查看搜索结果，直到找到喜欢的一款剃须刀加入购物车，最后输入收货信息，确认下单后付款。设定任务流程需要将不同的静态信息内容用线条串联起来，引导用户无障碍实现他们的最终目的。无障碍是最基本的要求，强调的是任务可完成，不能设计成迷宫，用户不知道下一步该如何做，所以设定一个无障碍的任务流程是画原型图之前非常重要的步骤。

（三）思考用户场景

通过前两项的准备,设计师可以进入原型设计阶段,在这一阶段中要时刻思考用户场景,以场景化的方式描述需求,才能够有效避免弊端。场景是人物、时间和地点三要素所组成的特定关系。场景化将时间、地点和人物串联起来组成一个关于用户使用的故事,勾勒用户当时的心情与意图,与用户形成情感关联。最后根据这个有温度的和生动的故事,结合实际的数据验证或竞品的分析去设计产品。

要做好场景化下的用户思维的运用。首先,要对用户场景中的功能进行梳理,整理出符合用户心智模型的信息架构。其次,要对功能所处的应用场景进行详细分析,了解场景的特殊性与限制条件。同样的功能在不同的场景中的设计不是一成不变的,需要根据场景进行相应的变化。最后,针对场景下的功能需求,提供出合理、合适的解决方案。

在交互设计过程中,脱离场景进行的设计是无价值的。通过思考场景,从用户的角度考虑,用户可能在什么场景使用产品,能使设计师明确原型交互如何更好支持不同的场景。产品经理可以更好地梳理新功能帮助用户解决问题。交互设计师、视觉设计师和程序员可以从中获悉需求场景的细节,例如使用频率、需求强度、用户拥有的能力和辅助工具等。

五、原型制作流程与工具

（一）原型制作流程

在交互设计中,原型相当于整个项目的根基,也是团队制作流程的核心部分。在设计过程中需要遵循原型设计指导流程,具体包含绘画草图模型、演示及评估、模型原型制作、测试等要素。

　　第一阶段,画原型草图,整理需求,将构思创意、数据可视化。虽然原型设计的工具非常多,但是在原型设计初期,手上的一张纸和一支笔远远比打开 Axure RP 软件方便快捷得多。设计师需要将思路归纳整理,描绘与设计出需求方提出的基本意思,整理并图形化。简单的草图可以让思维快速变换,抓住设计中的瞬间灵感,协作性强,便于修改携带,任何时间、地点都可以绘画。

　　第二阶段,演示及评估是原型设计流程最重要的部分,也是一次次的迭代设计。演示评估中,尽量把握好构思重点,突出概念设计,交代清楚交互设计重点,做好评论笔记,以便于今后进一步完善与加强原型模板。

　　第三阶段,原型制作。有了完善、评估过的原型草图,进入原型设计阶段,就需要考虑选择哪种原型设计工具更为方便快捷,更能够表达出原型本意,同时根据客户的需要设计出不同级别的保真度原型设计。在界面设计上需要考虑更多视觉化、细节化、美观化、可行性的交互设计,满足使用者与客户的不同要求。

　　第四阶段,测试。制作完成高保真原型就可以进一步进行客户测试和最终消费者测试。客户测试是原型草图和高保真原型的混合模型,主要满足项目成员团队的最基本客户检验测试。如果发现设计漏洞或创意缺点,就要及时进行修改迭代,经过反复检查环节后,最后会送达到最终消费者测试手中。一个标准的可用性测试是 8 ~ 12 位测试者,5 ~ 6 个场景,经过音视频捕捉、分析、汇报后得出测试结果,完成后开发上线。

（二）原型制作工具

1. 实物型原型开发工具

　　面向实物的原型开发技术和工具的范围十分广泛。因为不涉及软件编程,其通常被认为是挖掘设计灵感的工具,用于快速的原型开发。主要开发工具包括基于纸和笔的草图、三维实物模型等。

（1）纸和笔。只需要笔、纸张、透明胶带和便利贴等，用它们就可以代表交互式系统的各个方面。通过用户和系统的角色扮演，设计师可以快速找到关于各种不同布局和交互功能的灵感。

（2）实物模型。设计师使用实物模型或缩放的原型对未建成的建筑物提供三维演示。模型一般由纸板、泡沫芯或其他材料制成。图4-5是一个实物模型的例子：一个手持交互设备模型，这个模型对现实生活中的交互方式，以及屏幕显示等问题进行了深刻的揭示。

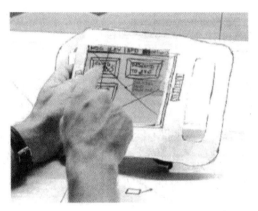

图4-5　手持交互设备的实物模型示例

2. 数字化原型开发工具

当今，数字化原型开发工具得到了应用和推广。目前主流的开发工具包括以下几种：

（1）Axure。Axure RP Pro 在用户体验设计（UX Design）领域十分著名，它是在功能形式上最容易理解的原型开发工具之一。网页设计师、用户体验设计师等设计人员用它制作可点击的线框图、用户工作流图和站点地图以及交互式原型。它允许添加交互功能，创建主页并使用 Widget 库中的现成组件，构建复杂的交互式原型。

（2）Balsamiq Mockups。Balsamiq Mockups 是一种制作线框图原型的快速开发工具。在 Balsamiq 中创建的线框图属于低保真原型,类似于手绘草图。该工具拥有丰富的 UI 元素库,对于非设计背景的开发人员来说,Balsamiq 可用于快速创建简单的静态线框图。

（3）Sketch。Sketch 是最广为人知的原型开发工具之一。Sketch 主要用于 Mac OS X 用户设计界面,网站和图标的设计。Sketch 的矢量形状编辑功能很容易适应不断变化的风格、大小和布局,可以避免很多痛苦的手工调整。此外,还可以使用 Sketch Mirror 在设备上进行效果预览。

六、纸面原型开发

从广义上来说,纸面原型可用于头脑风暴、设计构思、方案实施、用户界面展示与原型测试等方面。纸面原型技术可用于网站、Web 应用程序,甚至是硬件,任何具有用户界面的系统都是纸面原型制作的潜在对象。纸面原型是用于可用性测试的一个变体,通过代表性用户在纸张界面上执行实际的任务,来替代用户实际的操作过程。

纸面原型的开发过程简介如下:首先由产品研发团队选择用户类型,以代表用户界面最重要的受众;接着确定期望用户执行的典型的任务;最后制作所有的用户界面屏幕截图,以及手绘执行这些任务需要的窗口、菜单、对话框、页面、弹出消息框、数据显示等。

此外,要注意区分样稿(Comps)、线框图(Wireframes)、故事板(Storyboards)和纸面原型的区别,通常这些技术容易和纸面原型混淆。

样稿用于探索不同的布局、图形和视觉强化效果。一些样稿会使用象征性的无意义文字来表示实际文本和链接。而线框图则更强调信息架构和界面布局,通常也会用示意性的方框和无意义的文本代替实际的图片、文字等,目的在于明确这些图片和文字所占据的位置、大小和相互关系。

七、原型设计的指导原则

原型设计是创造再生的过程,设计创新的开始,是交互设计的核心部分,而模型的构建又是原型设计的核心。原型构建在整体项目中很容易出现漏洞,比如,原型界面设计不够美观,交互体验感不够有力,对错误的功能进行了原型搭建,保真度不够平衡等。设计师们在反复修改迭代的过程中,应遵循原型设计的指导原则,避免或减少错误的产生。

原则一,调研掌握受众人群需求。

原则二,比较规划绘制草图。

原则三,设定产品期望。

原则四,合适的原型保真度。

原则五,迭代、演示与验证。

原则六,减少风险,正确模型构建。

(1)在原型设计开始之前,调研受众群体,分析人群关系比例,掌握了解受众需求。根据受众人群意图进行规划构思。首先在项目启动规划开始前,进行大量的市场调研,选择不同受众消费群体的期望值和需求值,然后记录需求文档,确定原型设计模型框架,设定适当的期望值。例如,以20—30岁的女性为受众群体,购物时尚主题网站为最终期望值,调研掌握女性感兴趣的产品与主题,原型设计所需要的有功能性的产品物品,确定恰当的保真度。图4-6为"蘑菇街"是主要专注于时尚女性消费者的电子商务网站,在衣服、鞋子、箱包、配饰和美妆等领域提供适合年轻女性的商品。其在网站模型框架构建时,融入了很多女性感兴趣的相关主题,如时尚买手、团购特卖、品牌汇、网络红人、瘦身运动等,而且还加入了社区分享空间。只有充分调研了解女性受众群体需求意图后,再进入规划模型草图阶段才是正确的原型设计流程之一。

图4-6　蘑菇街网站①

（2）完成前期的调研分析需求后,记录大量的需求文档,可以稍加规划,反复比较,然后再进入原型绘制阶段,以渐增、迭代的方式展开工作,这样更能适应不断变化的环境。

把记录好的信息和需求文档归类、列举,然后重新分类排比,提出重要关键词,突出产品的功能性,同时开始比较研究工作,收集相关类型产品、已开发产品实例、上线测试站点等,进行细致的分析比较研究。当这些规划工作全部完成时,就可以激发出源源不断的灵感,经源源不断。原型设计流程原则的重点之一就是画草图,好的灵感和创意都是来自这个时期。规划好、记录好原型草图这个阶段的工作,这样就会给整个团队工作赢得更多的时间、节省更多的精力。

（3）设定产品期望值。在模型框架构建之前,可以预先设定好期望,这也是源于激发这一心理学展开的,如果能够激发受众群体的心理共鸣,就能引导他们的注意力和焦点,引导消费,得到预期的期望值。例如,针对女性消费群体,品牌团购、消费打折、限时抢购、时尚买手等都是敏感的关键词,它能让消费者在没有看到原型设计之前,就充满了期望,充满焦点和注意力,激发消费购买力。另外,设定期望值,也需要牢记原型设计原则,了解受众意图和需求,如女性喜欢的颜色、图标、按钮,这样在进行功能按

---

① 图片来源于: https://www.mogu.com/

键构建设计时,就可以更加有目标性的需要关注。

（4）合适的原型保真度。选择合适的原型设计工具,是原型保真度的重要保障。不同级别的保真度作用也不同,使用的原型设计工具也可以有所不同。针对不同的客户群体,制作不同级别的原型保真度,既能表述清楚设计师的创意构思,又能够交互与体验,最终为整体项目节省大量的宝贵时间和费用。如低保真度原型设计就可以使用简单快捷、操作易学的原型软件,制作简单低廉,方便演示、评论与迭代。而面对管理层投资者或者测试群体时,则需要制作出最终效果的高保真度原型,增加真实体验感和交互感。

（5）迭代、演示与验证。低保真和高保真模型完成后,就进入了演示、评论和迭代过程。演示和评论是一种自检的过程,任何原型的本质都不是最完美的,总会有不足和漏洞,测试者和使用者会给出评论与反馈意见,这也是不完美的原型再次迭代修改过程。只要能够正确地传达出受众群体的想法和需要,不断完善,做需要做的东西,它就是一个好的原型设计。

（6）减少风险,选择正确原型构建。所建立的原型都是整个项目系统的一部分,原型设计虽然有很多优点,但是也需要花费很多成本、时间和精力,选择正确的有需求性的东西进行原型设计,花更少的时间做有用的东西,能够快速地获得反馈意见,然后进行下一步的修改和设计。最后获得反馈意见和评论有很多不足与漏洞,这样风险概率比例就会很大,最终导致损失也会增大。所以选择正确原型构建,降低风险概率,是原型设计指导原则之一。

第二节　交互设计模式及其应用

一、交互设计模式的释义

设计模式（Design Pattern）是解决设计问题的一系列可行可复用的原则、方案或模板。交互设计模式，是解决交互设计问题的一系列可行可复用的原则、方案或模板。

和其他领域的设计模式一样，交互设计模式也有其历史和发展，它是自交互设计诞生以来，设计者们对于自身或他人的设计案例进行分析、提炼和总结归纳出的。例如，Apple 公司为确保发布到 App Store 的 iOS 应用都能具有较高的质量，为 iPhone/iPad 开发者制作了一套完整的界面设计指南（HumanInterface Guideline，简称 HIG）。HIG 实为 Apple 公司针对 iOS 平台的产品开发的设计模式的整理和总结。

但是在利用交互设计模式的时候，我们要记得："（模式）不是即拿即用的商品，每一次模式的运用都有所不同。"不同的设计模式是密切相关的，不能死板地套用模式，找到不同的设计模式的优点和有机结合点，以此来指导产品的设计和开发。①

二、交互设计模式的价值

交互设计模式的价值主要体现在以下几个方面：

（1）对于学习交互设计的新手来说，特别是涉足互联网、软件等 IT 行业较浅的人，交互设计模式提供新手一个学习如何做交互设计，特别是互联网产品的交互设计的范本。掌握和积累一些普适的设计模式，有助于设计师的发展，并创造性地颠覆这些

---

① 黄琦，毕志卫 . 交互设计 [M]. 杭州：浙江大学出版社，2012.

交互设计"常规",以创造更优的解决方案。

（2）对于 IT 从业较深的人员,特别是交互设计师来说,设计模式有助于:①提高设计的效率;②提升设计的效果。交互设计模式帮助设计师快速找到针对具体设计问题的行之有效的解决方案,从而提高设计工作的效率。而正因为交互设计模式是在行业以及用户普遍认知下所认同的设计方式、原则等,也是设计师与其他人员的沟通媒介,有利于达成共识和降低沟通成本,于是其设计效果也因此获得提升。

（3）对于交互设计的发展来说,交互设计模式的形成是设计师等的经验总结和实践验证的过程,对交互设计学科的发展有着重大的意义。[①]

三、交互设计模式的应用

设计模式的类型及适用的范围非常广泛,以下将重点提及频繁运用于电子商务网站的几个设计模式,其中有"注册""新手帮助""搜索框""搜索结果页""评分"等。借助这些设计模式,可以对设计模式的基本构成(定义、问题及解决方案、案例)有所了解,同时重点介绍,在不同的运用场景下,不同设计模式的使用技巧和多种模式相互结合的案例。灵活应用设计模式是笔者提倡的思维,务必以达成满足用户的需求为目的的设计模式的创新。

（一）注册表单

表单(form)由表单标签、表单域和表单按钮构成。其中包含众多元素,如文本框、密码框、隐藏域、多行文本框、复选框、单选框、下拉选择框、文件上传框、提交按钮、复位按钮和一般按钮等。通过表单,用户可以提交注册账号密码、博客评论等文本

---

① 黄琦,毕志卫.交互设计[M].杭州:浙江大学出版社,2012.

和数据信息,图 4-7 就是一个典型的例子。

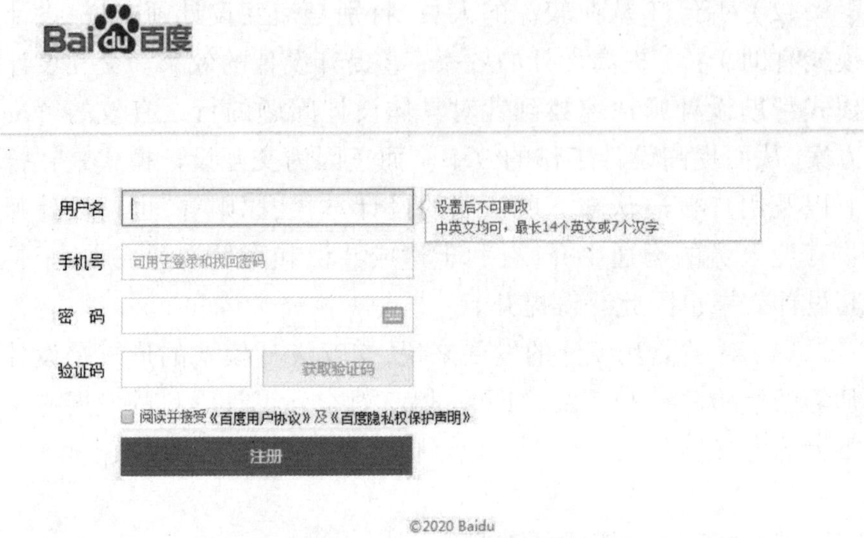

用户名		设置后不可更改 中英文均可,最长14个英文或7个汉字
手机号	可用于登录和找回密码	
密码		
验证码		获取验证码

□ 阅读并接受《百度用户协议》及《百度隐私权保护声明》

注册

©2020 Baidu

图 4-7　百度帐号的注册表单

　　注册对于用户来说是打开整个网站的窗口,对于新用户来说更是如此,往往透过表单的设计能够窥探出整个网站的交互设计是否足够到位,用户体验是否良好。如图 4-8 所示的注册表单设计模式。在具体设计的时候,需要注意的地方如下:

　　(1)表单的标签和文字描述需要满足可读性和可辨识性,语言言简意赅,不致使用户迷惑。

　　(2)将功能上或内容上相近的信息组合在一起来表达一个完整和符合逻辑的意思。如"账号"和"密码"和"注册"按钮的组合给人以注册的理解。

　　(3)在文本框中默认填充必要和合适的说明性和指示性文字。如在"密码"文本框中默认填充"6 位数字密码",指引用户填写 6 位数的数字密码。

　　(4)标签如"账号"和"密码"等进行右对齐,而相应的文本框则需向左对齐。保持清晰和美观有利于用户识别和降低理解成本。

　　(5)"验证码"一直是备受争议的设计点,因其"数字 / 字母"

的辨识性问题,虽然有助于账号和注册的安全和有效性,但给用户阅读和操作带来不少的不便。在设计的时候,需要明确验证码是否一定有必要设置,用户填写时是否要区分大小写,当然"看不清?换一张"是必不可少的,这在一定程度上缓解了用户在文字识别上的困难。

（6）必要的提示,如用于提示当前用户输入的"账号"是否可用的"钩/叉",是为了避免用户在全部信息填写完之后才发现"账号"不可用而重新来过的困扰。另外一个提示是标记是否为必填的"*",即标有"*"的项目是必填的,而其余可以选填。

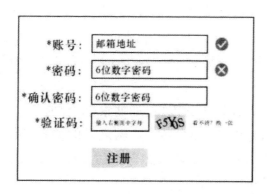

图 4-8　一个简洁的具有最基本功能的注册表单的原型

（二）"新手帮助"

"新手帮助"是为帮助新用户对产品如何使用进行快速了解和掌握的设计,也可称其为新手引导。在现实生活中,购买家电、玩具等,商家都会在包装里附上一本说明书,或者说是使用指南。而在这方面,苹果公司的表现恰恰相反,其推崇好的产品不需要使用手册,因为好的产品应该是简单易用、用户友好的。虽然苹果的产品非常易用,但也不会完全将"新手帮助"废除,而是在使用手册的设计上追求极简和易懂等可用性和良好用户体验的原则。电子商务网站中,"新手帮助"尤为重要,特别是对于一个习惯于线下实体店铺购买商品的人来说,线上购物是一种超越往常习惯的购物方式。网站的设计者需要在"新手帮助"的设计上,要尽可能明白新手是如何认知这个网站的,网站的使用流程如何呈现才是最易被阅读和理解的。

电子商务网站的"新手帮助"的设计,面向的用户是第一次来网站注册登录的用户,他们也许有类似的使用经验,也许完全不明白这个网站是做什么的。"新手帮助"更像是由一个个设计模式组合而成的,从信息架构开始对所要呈现给新手用户的信息进行整理和组织,并结合步骤条、导航、搜索框等模式将信息有序呈现。如淘宝商城中新手帮助:"买家入门"和"卖家入门"便是借用步骤条的设计模式对整个淘宝商城从注册到购买评论这一系列信息和事件进行有序地组织和呈现。

设计电子商务网站的"新手帮助",可以依据以下原型来开展(图4-9):如图中原型所示,"新手帮助"的基本构成要素包括以下几种:

(1)快速寻找答案的入口,如搜索框、导航。

(2)网站是做什么的,各个步骤之间的关系是什么?

在具体设计中,需要巧妙融合各种设计模式,以完成"新手帮助"信息传达和用户指引。

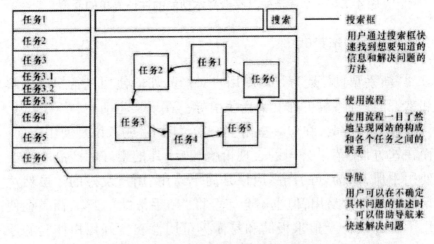

图4-9　一个电商网站新手帮助的方案原型

（三）搜索框

搜索框是以内容为主的网站中非常重要的设计元素,用户可以借助搜索框对网站的内容进行搜索,而不必通过导航或者胡乱点选去寻找"答案"。最常见的设计方式如 Google 和百度等搜索引擎,一般都是由一个可以输入文字信息的文本框加上一个按钮用户启动搜索组成,样式如图 4-10 所示。除此之外,和众多电子商务网站一样,也经常会有辅助的标签区分用户欲搜索信息的属性或分类等。

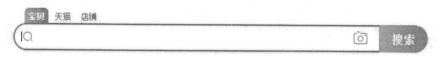

图 4-10 搜索框

一个适用于电子商务网站的搜索框需要囊括的基本元素如下。

（1）输入信息的文本框和启动按钮。

（2）"宝贝"/"店铺"等用于划定搜索范围的标签。

（3）文本输入框中的输入信息的提示。

（4）下拉菜单等多种表单控件辅助。

（5）高级搜索及使用帮助和热门搜索的关键字。

除了以上基本的视觉层面的设计元素外,也要适当考虑交互方面和其他设计模式的结合创新,在下面具体案例中我们将详细介绍淘宝搜索框的一些创新点。在这里需要提到的是以下几点:

（1）自动完成。其为一种文本输入框的设计模式,当用户输入信息的时候,猜测用户想要输入的内容并自动填充文本框。

（2）下拉菜单。利用下拉菜单来让用户缩小搜索范围,或者直接进入某个类目的商品页面。其中需要注意的是,下拉菜单的项目不可太多,超出窗口显示范围的部分将会被隐藏起来,并通过向下的箭头来指示仍有部分项目存在。

搜索框的设计在电子商务网站中已经变得很基本,它对于一个信息架构或导航结构复杂的电子商务网站来说是极其重要的。

基本的设计模式的使用和借鉴是简单的,这些设计方式也变得普遍。同时,面对新的问题,不同的设计模式之间的结合创新以及因需改进也是非常需要的。

(四)搜索结果

搜索结果页(Search engine results page,SERP)在维基百科中的定义如下:"指搜索引擎对某个搜索请求反馈的结果页面。"对于一家类似淘宝网的电子商务网站,用户对搜索结果页并不陌生,其是搜索商品和挑选商品的一个重要过程。图4-11是一个典型的搜索结果页,每个搜索结果一般都包含了以下几点:

(1)搜索结果网页的标题。

(2)搜索结果网页的链接。

(3)一段简短的并且与搜索关键字相匹配的关于网页的文字摘要。

(4)搜索结果网页缓存的链接。

除了以上的基本信息,搜索引擎有时还会根据情况提供其他一些信息,如:

(1)最后抓取页面的日期和时间。

(2)搜索结果网页的文件大小。

(3)和搜索结果相关的同网站的其他链接。

(4)搜索结果网页上的其他相关信息,比如:评论、打分和联系信息等。

用户利用搜索引擎(或搜索引擎作为产品一个组成部分)搜索和寻找信息或商品时,需要为其设计搜索结果的内容组织页面。从本质上来讲,交互设计师这时需要做的是去合理甚至生动地组织信息,以完成良好的信息和视觉传达。从一般搜索结果页的原型出发,可以寻找到应对不同应用场景下不同的搜索结果页的设计方案。

图 4-11　搜狗搜索结果页面

图 4-12 所示是一般搜索引擎搜索结果页的原型,其具备了搜索结果页应该具备的那些条件和元素,而对于一个类似于淘宝网的购物性质的网站而言,搜索结果页面将会与以上的基本形态有很大的不同。造成形式和交互方式等方面不同的原因是,不同类型的网站,其用户是不同的,其搜索的结果内容也是不同的,如 Google 搜索结果的内容是一个个与用户输入的关键字密切相关的网站的概要信息等,而网购用户需要的是一组组与其寻找的商品息息相关的商品"成列"的结果。

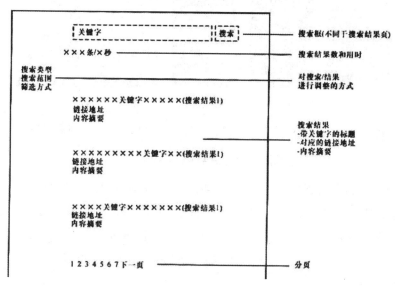

图 4-12　一般搜索引擎搜索结果页的原型

我们在具体设计的过程中,需要回答以下几个问题:

(1)这个搜索结果页是给谁看的,针对不同的人群和搜索目的该如何设计?

(2)搜索的内容是什么,是网站信息还是商品信息?

(3)在考虑信息展示时,其是否满足最基本的可读性和可辨识性,是否有利于用户完成目标?

(五)评价/评分

在互联网上,评价/评分是指用户对购买的商品、电影、书、文章、微博等进行评价和评分,评价/评分一方面是让用户发表意见和看法,此外对于其他用户也有很高的参考价值。如比较常见的电影的评级,如图4-13所示:

图4-13 豆瓣电影评分[①]

电子商务中对于商品和店铺的评价/评分对于"后来者"非常的重要。在产品设计中需要考虑如何让评价/评分的过程更佳流畅简洁,并且使其呈现合乎可读性。淘宝网等电子商务网站中,评价/评分是用于对商品和店铺进行评级和管理的手段,而对于

---

① 图片来源于: https://movie.douban.com/

新购物者来说,评价 / 评分是其作出购买决策的一个非常重要的因素。借助表单元素和交互设计来满足用户填写和查看评价 / 评分,淘宝的设计原型如图 4-14 所示。

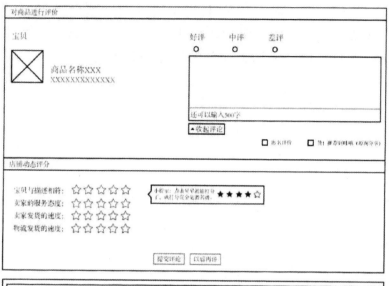
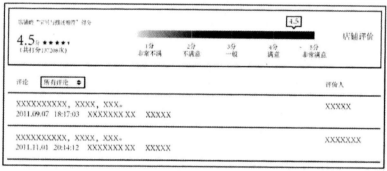

图 4-14 淘宝的评价 / 评分设计原型

总的来说,评价 / 评分的设计其本质是表单的设计。评价 / 评分充当着一个快速收集用户看法的简单工具,其被要求在很短的时间里完成。因为用户并不喜欢"思考",而且他们的精力和时间有限,特别不想把时间"浪费"在对其并无多大价值的事情上,所以在设计上要极其注重可用性和易用性,以及符合用户认知习惯。

如在上图淘宝网的"对商品进行评价"中,用户通过简单地勾选"好评 / 中评 / 差评"来表明对于本次购买商品的总体评价，而"店铺动态评分"则是以较常见的"五角星隐喻的 5 分量表"结合"小提示"使整个评分过程显得简单易用。

评价 / 评分的展示形式，在保证可读性的前提下，可以考虑将信息更具可视化地呈现，如淘宝网"店铺的'宝贝与描述相符'得分" 4.5 分是以气泡和 1–5 分的量度条形式展示。[①]

---

① 黄琦，毕志卫. 交互设计 [M]. 杭州：浙江大学出版社，2012.

第五章 交互设计中的视觉元素设计

视觉设计被划分为多个知识点,如字体设计、图形设计、色彩设计、网格设计等,被多个设计学科借鉴和应用,做出了非常多优秀的作品。例如,网格设计被应用于建筑设计领域,成为现代建筑的基石;网格设计的衍生物——模块化和参数化的设计也更广泛地应用到了家居、产品设计、交互设计等领域,对现代生活有着深远的影响。本章将对交互设计中的视觉元素设计展开论述。

第一节 文字的视觉传达与设计

一、字体设计的释义

字体设计就是以文字作为一种造型的艺术形式,组合其中的字体,创造出新的字形,探索字体的变化,进而将其应用于设计活动之中。在交互设计中,文本设计极其重要,文本是整个产品中使用最多的一个元素。文本设计的最终目的就在于使用户的阅读体验达到最佳,满足可读可辨识性,并使文案的设计符合用户的心理模式,贴切合理。

二、字体运用的原则

(一)易识别性原则

易识性是指人眼对于字体或者行文、布局的辨识性,也是字体字母形状之间的区分度,是检验文本设计是否易于阅读的重要指标之一。

字体设计中的易识性问题,最为经典和显著的例子便是衬线体与非衬线体之间的对比。在中文字体中,最常见的衬线字体(serif)是宋体,无衬线字体(sans-serif)则是黑体。图5-1所示左侧为宋体文字,右侧为黑体文字,显而易见,衬线体宋体比非衬线体黑体的易识性要强。图5-2为宋体字笔画,图5-3为黑体字笔画。如果将黑体字放大来看,你会发现,黑体字的笔画(以横画、竖画为例)并不是一个矩形,而是起笔、收笔处稍宽,然后向中间收分,这是为了矫正人的视错觉而使笔画显得饱满。

图5-1　宋体与黑体的对比

从图5-4中便可以很清楚地感受出衬线与非衬线在文本设计中,哪种是更具有易识性的。易识性是服务于良好的较长段文本的阅读体验,所以衬线字体优于非衬线字体,即宋体优于黑体。而当行文中大部分为宋体等衬线字体时,为了使标题等文字能够突出和环境有所区别,黑体等非衬线字体则是最佳选择,可满足对比这一基本的视觉设计原则。

图 5-2　宋体字笔画

图 5-3　黑体字笔画

在西方国家,字母体系分成两大字族:衬线体(serif)和无衬线体(sans-serif)。

衬线体较易辨识,因此易读性较高。反之,无衬线体则较醒目,但在走文阅读的情况下,无衬线体容易造成字母辨识的困扰,常会有来回重读及上下行错乱的情形。

衬线体强调了字母笔画的开始及结束,因此较易前后连续性地辨识。衬线体强调一个单词,而非单一的字母;反之,无衬线体则较强调个别字母。如图 5-5 所示为衬线体与非衬线体的易辨识度对比。

通常来说,需要强调、突出的小篇幅文字一般使用无衬线体,而在长篇正文中,为了阅读的便利,一般使用衬线体。

在具体设计中,需要明确该部分字体是否需要被用户长久阅读浏览,如果答案是肯定的,那么其设计必须遵循较好的易识性,否则就需依据具体的情况而定。在长段正文中使用衬线体,有利于降低用户的阅读疲劳感,因为其可辨识性较强。

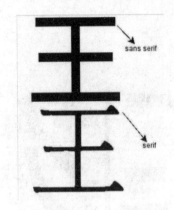

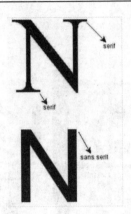

图 5-4　汉字的易识别度对比　　　　图 5-5 英文的易辨识度对比

（二）可读性

可读性相对于可辨识性，是在文字意思层面上关于文本的阅读性是否良好的另一指标，是指阅读的可能性和容易程度。可读性通常用来形容某种书面语言阅读和理解的容易程度，它关乎这种语言本身的难度，而非其外观。容易阅读的文本可以增进理解程度，强化阅读印象，提高阅读速度，并让人坚持阅读。

例如 San Francisco（SF）是 iOS 系统的默认英文字体：这种字型的字体经过了优化，使设计具有可读性、清晰性和一致性。

表 5-1　iOS 包含的文本样式

iOS 包含以下文本样式			
大标题	三级标题	插图编号	一级说明
一级标题	内容提要	小标题	二级说明
二级标题	正文	脚注（补充说明）	

三、字体的大小、行长和行距

（一）字体的大小

同一内容不同的字体所呈现出来的感官感受不同。这一点在互联网产品中非常常见而不可忽视，如同样一篇文字，不同的网站样式赋予它不同的外在呈现,给人的感受是不同的。表5-2是淘宝登录欢迎语的字体例子,宋体较为正式和尊敬,楷体看起来有些"对话"感和亲切感,而幼圆则看起来比较可爱。

表5-2　淘宝登录欢迎语的字体

字体	图例
宋体	亲,欢迎来淘宝!请登录 免费注册
黑体	亲,欢迎来淘宝!请登录 免费注册
楷体	亲,欢迎来淘宝!请登录 免费注册
幼圆	亲,欢迎来淘宝!请登录 免费注册
微软雅黑	亲,欢迎来淘宝!请登录 免费注册
隶书(简体)	亲,欢迎来淘宝!请登录 免费注册

同样,产品中的字体和大小如何使用和选择,决定了用户阅读的体验是否良好。在长短文字较为常见的阅读型中文网站中,宋体12号便是最常见的字体及大小,这不是一种硬性的规定,而是一种习惯形成的规律,其目的便是让人阅读方便,不至于造成太多阅读负担,毕竟文字的功能或目的就在于让人观看和阅读。

苹果系统的San Francisco字体设计的大号字体和小号字体都很清晰。在响应文本大小的变化时,优先考虑内容,下面给出默认的大尺寸字体规范。

表5-3　苹果系统字体的设计

类型	字重	磅值	行距	字距
大标题	常规	34pt	41 pt	11 pt
一级标题	常规	28 pt	34 pt	13 pt
二级标题	常规	22 pt	28 pt	16 pt
三级标题	常规	20 pt	25 pt	19 pt
内容提要	半粗体	17 pt	22 pt	−24 pt
正文	常规	17 pt	22 pt	−24 pt
插图编号	常规	16 pt	21 pt	−20 pt
副标题	常规	15 pt	20 pt	−16 pt
脚注	常规	13 pt	18 pt	−6 pt

在字体的使用中,如果可以的话,尽量只使用一种字体,用字重、字体大小和颜色来突出 App 中重要的信息。

(二)行长和行距

行长是指一行文字的长度,为一个段落的长度,或者说是一个文字块的宽度。一段文字的高度受限于其行长。

行距,也称行间,是相邻的两行字之间的距离。合适的行距,可以给用户带来最佳的阅读体验。

为了给用户带去最佳的阅读体验,合理的行长和行距设计需要注意以下几个要点:

(1)避免行长过长。一个明显的例子来自非智能手机时代,如图 5-6 所示,门户类 wap 网页一般有诸多标题构成,一行即为一篇文章的标题,用户一般会按照顺序从上自下浏览整个网页,当标题的行长过长时,会使原本较小屏幕可承载信息量更少,而增加阅读成本。

图 5-6　一个手机新闻 wap 网页的标题列表设计示例

(2)行距务必大于字距。字距为一行字中两个字之间的距离,字距其实影响了行长的长度,字距越大,在信息量保持一致的情况下,行长必然会越长。在这边要说明的是行距与字距的关系,行距务必大于字距,其实道理很简单,人们阅读文字是逐行扫描,这要求行与行之间的距离要足够,并且不小于一行中两个字之间的距离,这样不至于导致无法辨识行与行之间的区隔。

如图 5-7 所示为字距大于行距的情况,造成横向逐行阅读很费力,因为会受到上下行文字的干扰。一般而言,中文论文的规范行距便是 1.5 厘米,即字体大小的 1.5 倍,那么行文中使用 12px 的字体,其行距建议使用 18px 为适。

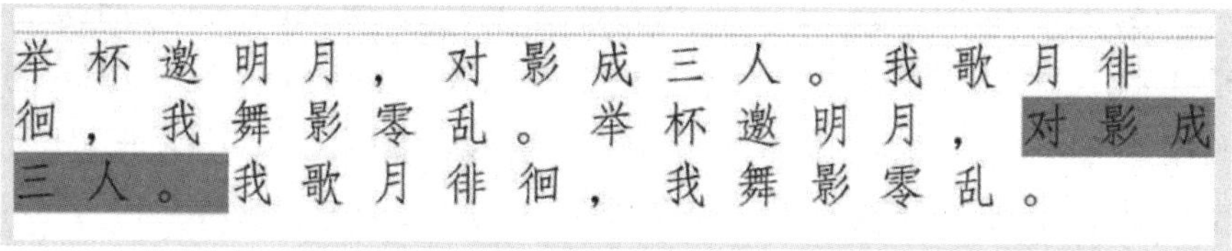

图 5-7　字距大于行距的设计使阅读困难

四、字号原则的一般规律

直接说多少字号,可能大家没有一个形象的概念。那么姑且先借助大家熟悉的中英文网站中的字体加以说明:中文网站中,像搜狐、新浪等门户网站的内文字体字号大多为 12 像素或 14 像素,也有 16 像素和 18 像素的,尽量采用偶数。而在英文的综合性门户网站中的内文字号则多为 10 像素、11 像素。屏幕字体字号的大小与显示屏尺寸、屏幕的分辨率以及浏览器的差异是密切相关的。其准则为屏幕分辨率越高,字体的字号越小。小于 12 像素字号的中文字体尽量不要使用在网络阅读环境下的内文中。对于大篇幅的文字,会增加眼睛的疲劳感。对于现存的多种不同大小的屏幕分辨率,基本遵循屏幕横向分辨率在 1100 以下的采用 14 像素,1100 ~ 500 的采用 16 像素,1500 以上采用 18 像素的换算方法进行字号的选择。

要在同等字号的情况下区分文字内容的强弱关系,可以通过调整字体颜色与背景的关系,选择与背景颜色相近的颜色作为字体颜色。比如,黑色的 12 像素字号的字体出现在白色的背景上,显然再清晰不过。如果想弱化它的视觉效果,就可以把字体颜色调成灰色,黑色的字显得比灰色的字看着大,视觉突出。也可以把想突出的字体加粗,也会产生字体变大的视错觉。

五、对比度

文本与背景之间的对比度在文本设计中也是一个比较重要的因素。一般需要注意文字下面避免使用带图案的背景,避免背景干扰文字的辨识,即在使用图案作为背景的时候,文字尽量与图案形成较大的对比度,或采用颜色较浅的图案。为了便于阅读,浅色背景上使用深色字体,深色背景上使用浅色字体好。

六、超链接

超链接在本质上属于一个网页的一部分,它是一种允许我们同其他网页或站点之间进行连接的元素。各个网页链接在一起后,才能真正构成一个网站。所谓的超链接,是指从一个网页指向一个目标的连接关系,这个目标可以是另一个网页,也可以是相同网页上的不同位置,还可以是一张图片、一个电子邮件地址、一个文件,甚至是一个应用程序。

一般来说,作为一种特殊的文本,超链接的下划线能够起到指引用户点击和反馈其状态的作用。

七、样式排版

排版是将文字段落区块进行版式的排列和组合的设计手法。排版中需要考虑到之前提到的所有文本设计的要素,同时要将文本区块当作一个个独立的宽高可动态调整的矩形块或者其他形状。最常见的排版设计手法或者原则有平衡、对齐和对比几种。

在排版各种方法中栅格是较为常见且广泛运用的一种。其解决的即是网页如何能最多地分割成为各种整数宽度的问题。图 5-8 所示为 950px 宽度的网页设计,其中便运用了栅格的方法,即如果把 30px 作为每个单独的单元格的宽度,10px 作为每个单元格之间的宽度,那么 950px 恰好可以分成 24 个小列,每个间隔 10px。

比较典型的页面分栏模式一般采用黄金分割比例,如图 5-9 所示,左侧: 950px × 0.618=587px,右侧: 950p × 0.382=363px。

此外,3 × 4 网格是比较有名的一种栅格化设计范例,也是 2006 年 Drenttel 和 Helfand 获得美国专利 7124360——计算机屏幕布局系统模块化的一种方法。通过 3 × 4 的栅格(1 × 1,1 × 2,1 × 3,1 × 4；2 × 2,2 × 3,2 × 4；3 × 3,3 × 4),可以得到 3164 种分割方式(图 5-10 和图 5-11)。

如图 5-12 所示,Windows Phone 7 系统 metro UI 的应用程序的入口由两列色块组成。这种信息分割的方式与榻榻米原理基本一致。这使得扁平化的信息界面有了一种自由、个性化的组合方式。

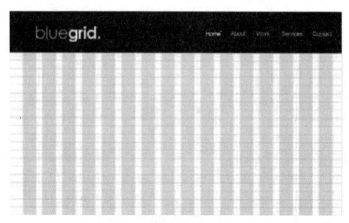

图 5-8　一个常用的网站栅格系统的范例

图 5-9　黄金分割比例

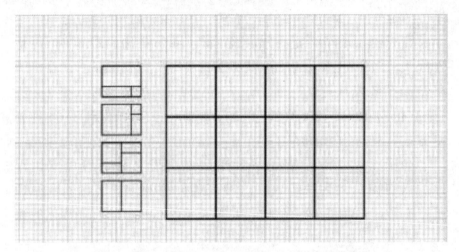

图 5-10　计算机屏幕布局系统模块化示意图一

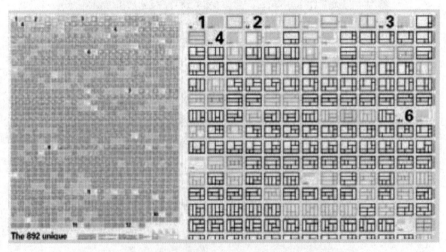

图 5-11　计算机屏幕布局系统模块化示意图二

图 5-12　Windows Phone 7 系统 UI 设计

八、文案设计的原则

文案能够起到传达较为详细信息的作用。界面中的文案设计需要尽量符合以下几个原则：

（1）文案风格与网站风格一致。非正式的，如轻松的、个人的、友好的、会话的网站，同样需要运用相同风格的文案与其相匹配。

（2）保持语调一致。语调是文字内容对读者产生的作用、态度或印象，语调也反映了品牌形象和网站策略。务必确保整个网站的语调一致，并尽量使用主动语态，特别是书写关于行动的说明和标签时，主动语态比被动语态更显友好和直接。例如，苹果公司于 2020 年 10 月 14 日凌晨发布了新系列产品 iPhone 12，并重新设计了网站，说明为："5G 加身；A14 仿生速度超快，实力超前；Pro 级摄像头系统将低光摄影带上新高，在 iPhone 12 Pro Max 上更是突飞猛进；而超瓷晶面板，则将抗跌落能力提高到四倍。你所期待的，来了。"其文案的宗旨是有利于让网站和用户更加亲密。

图 5-13　苹果网站

九、移动媒体界面上文字的设计原则

　　由于移动媒体的屏幕面积的局限性,以及移动媒体的交互环境的复杂性,我们在文字的处理上除了遵循与其他交互界面相似的原则外,还要控制文字的数量,尤其是移动媒体中网页文字一定要"简约",为用户提供"重中之重"的内容。应充分利用摘要、标题、大纲的格局概念,以及文字色彩、字间距、行间距、加粗、减淡、下划线等设计为用户规划出主次,这样才符合"小屏幕"寸字寸金的价值,否则,浏览移动媒体上的信息将变成一种煎熬的经历。比如今日头条,一个以新闻阅读为主的 App,它的文字排版就非常出色,明晰而主次分明,能够让用户在轻松的状态下阅读浏览,充分理解利用移动媒体进行信息浏览的用户心理和使用特性。这款 App 的界面设计简洁,文字排版突出新闻信息本身,字号、字体、行间距、字间距适中,省略了一切花哨的界面装饰,保证小屏幕浏览的视觉舒适(图 5-14)。

图 5-14　今日头条 App 界面设计

第二节　图形的视觉传达与设计

一、图形元素

无论图示、图标、图表或图像等哪一种图形设计的展开，都应从掌握图形元素开始。图形元素是指数字制图中的点、线、面状要素。点、线、面三要素来源于平面设计构成理论。作为现代设计的理论依据，构成设计有三个重要的源头，分别是俄国构成主义运动、荷兰风格派和著名的德国包豪斯学院的设计运动。

点、线、面状要素按照视觉效果、力学的原理进行编排和组合，营造出秩序感或者冲突、夸张等不同的或理性或感性的视觉风格的图形。通过不同手法创作的图形也呈现出不同的风格分类。

点，是三元素中最小的概念。几何学上指没有长、宽、厚而只有位置的几何图形为点。图形上的点与这个概念极为接近。点的大小、形状、虚实都是可以变化的，因此点的设计从来都不简单。多大为点？点可以理解为一个极小的面，面也可以看作是许多更小的点的集合。点和面的概念某种程度上是可以相互转换的。那么，建立参照物也许是决定这个元素是点或是面的好方法。

点的形状也是千变万化的,圆点、方点、不规则形状点……不胜枚举。点的形状虽是细节,却不容忽略,在一个设计作品中,可通过改变点与点之间不同点的形状形成对比、嬗变等不同视觉效果。点的虚虚实实,藏在画面的多处。线与线的交叉可形成点,非常密集的点和点的汇合的空白区域也可以构成虚点。

线,是由无数个点沿着一个方向或轨迹排列而形成的图形。点和点之间没有距离的紧密排列形成了实线。点和点之间有一定距离的排列形成虚线。两个点就可以连接成一条直线,这是几何图形学习的最基本知识,同时也为绘画、制图、编程等提供了最基本的设计原理。如果将一个点沿着一个方向移动形成线条,那么,设定点的大小,就设定了线条的粗细。如果在绘制这条线时,变换点的大小,线条的粗细也会随之改变,由此可以形成数不清的形态多姿的线条图形。

有的线条粗细一致,有的线条两头细、中间粗,有的线条或又类似毛笔笔触,线条形状的变化十分有趣。

虚线,不同于虚点,指的是真实可见的线条,准确命名它,应该叫作"点画线",即以不同形状线形点构成的线条。虚线的用处也非常广,常见的用来表示折痕、粘贴处、需要描写的线条等,这些已成为无须解释的通识线条图形,也经常被借鉴到界面设计领域。

另外,与虚线容易混淆的概念是"不可见的线",即图形和图形之间的间隙形成的线条。这类线条在视觉交互设计的布局设计中经常被用到。

面,是无数点的集合,也是一条直线按垂直方向移动轨迹而形成的图形。面的包容性十分强大。在一个面中,可以有点的元素,也可以有线的元素,甚至可以有其他面的元素。面可以很空白,也可以很丰富多彩,它的面貌归结于组成它的结构图形。从面的外形来看,做个简单的分类,可以分为几何图形的面和不规则的面(即无法用几何学原理计算绘制得出的图形)。在视觉交互设计中,几何面运用广泛,常见的一半界面设计都是属于此范畴。在几何的面中去设计图形更能够符合数字化设计生产的标准。面的大小,比较起来无法用数字来衡量,小到一个指甲盖或者一款智能手表的表盘,大到一个大楼投影界面,都可以是面,或者说是界面的范畴。不同的面用处更是不同,有的面是作为全局的底图或是界面背景,有的面是用来起到提示提醒作用的对话框图形,也就成为视觉焦点图形。

点、线、面作为图形元素,从来都不是孤立存在的,它们相互转化,相互渗透,互为元素,构成彼此,也丰富彼此。只有根据图形设计的需求,合理统筹安排一个元素才能设计出好的图形。[①]

二、图形中的图示与图标

(一)图示与图标的区别

图示,即用图形来表示或说明某种东西,具有直观、浅显易懂、便于记忆的特点。图标(英文名 ICON),是具有明确指代含义的计算机图形。图示和图标二者的共性都是以符号学为基础的图形设计创作。不同点在于,图示以解释说明为主要目的,起看图达意的功能,图示的应用场所也非常广泛。在公共空间中导向系统的图形语汇大多用专门的图示表达,如公共厕所的男女生的图示。在道路上路标和警示图形等也都是图示的重要应用。这些图示,具有辨识度高,超越语言、简洁迅速传播的作用。图标的功能性更加明确,其至某些图标只能代表某一种特定功能或者特定状态。例如看到文件夹图标,我们可以知道是存放文件的空间。一个浅灰色的图标,一般就是无法使用的功能图标的表示。图标设计,根据研究用户的使用习惯和认知进行设计和创作。不仅是计算机领域设计的重要内容,由于其设计风格的鲜明性和时尚性,也会广泛借鉴到许多相关的设计门类中。例如,服装、产品、展示设计等。

---

① 杨洁 . 视觉交互设计 [M]. 南京: 江苏凤凰美术出版社, 2018.

（二）交互界面上的图标

1.图标类型

图标分为系统程序图标、应用软件图标、工具栏图标以及按钮图标。

系统程序图标（aplication icons）是指计算机程序自带的程序图标，诸如回收站、文件夹图标等，具有办公娱乐功能，而且图标外形是源于生活中已存的实物的图形转义。单击可以拖曳，双击可以进入新的链接界面（图5-15）。

图5-15 苹果系统图标设计

应用软件图标（software icons）是指那些由相关软件开发公司开发出来的，供使用者对影音、文字编辑处理的应用软件图标，比如word、Adobe公司的一些图形处理软件的图标。

工具栏图标（toolbar icons）是指软件图标上的工具图标，点击后可以完成用户对文字和图像的编辑任务。

按钮图标（button）是指形似现实生活中的按钮，点击、触碰后具有链接功能的图标。

前三种图标皆属于引导性图标，就是说对于初次用户，并不知道这些图标是可以点按，并且在点按之后能够执行命令的。但随着使用次数的增多,使用习惯会渐渐地培养起来。

而按钮图标则不然,本身就带有相对明显的可以点击的信号。因为多数按钮图标是模拟生活中已存的按钮属性而设计的。

2. 图标尺寸

鉴于整体摆放秩序感的需要,图标多采用正方形构图,以至于有些设计师把图标设计比喻成方寸构图的艺术设计。而且,图标是成组地分布在交互界面上的,故图标的尺寸必须与屏幕尺寸和屏幕分辨率相匹配。

原则上来说,单个图标的尺寸在 12 像素 × 12 像素、16 像素 × 16 像素、24 像素 × 24 像素、32 像素 × 32 像素、48 像素 × 48 像素、57 像素 × 57 像素、72 像素 × 72 像素、128 像素 × 128 像素、144 像素 × 144 像素、512 像素 × 512 像素、1024 像素 × 1024 像素区间中视不同的界面应用平台而定,在 240 像素宽度以上屏幕上的图标显示才能够看到细节。

这里以 iOS 系统为例。iOS 用于在屏幕上放置内容的坐标系统是以点(pt)为基础的,这些点映射到显示器中则以像素显示。在标准分辨率屏幕上,个点等于个像素(1pt = 1px)。但因为分辨率屏幕的像素密度更高,所以在真实世界同等积的屏幕中就包含更多的像素,即点中包含更多像素(1pt=2px、1pt=3px)。因此,分辨率屏幕需要具备更高像素的图像。

为了支持所有的 iOS 设备,苹果要求在设计时建议提供高分辨率的图像:基于不同的设备,将每个图像中的像素数量乘以特定比例系数来进行适配。标准分辨率图像的比例系数为 1.0,这种图像被称为 @1x 图像。高分辨率图像的比例系数为 2.0 或 3.0,被称为 @2x 或 @3x 图像。假设你有一个标准的分辨率 @1x 图像,如 100px × 100px,那么,该图像的 @2x 版本将是 200px × 200px,@3x 版本将是 300px × 300px。

表 5-4　比例系数表

设备	比例系数
iPhone pro 系列，	@3x
其他高分辨率的 IOS 设备	@2x

分辨率影响了图标的设计，iOS 的 App 图标需符合以下规格标准：

表 5-5　iOS 的 App 图标规格标准

属性	值
格式	PNG
颜色空间	sRGB 或者 P3（参阅颜色管理）
图层	扁平无透明度
分辨率	不同的分辨率。参阅图形大小和分辨率
形状	正方形且无圆角

每个 App 必须提供一大一小两个图标，小图标会出现在主屏幕，并且在 App 被安装后会被系统使用，大图标会被用在苹果商店中。

表 5-6　iOS 的 App 图标大小标准

设备或环境	图标大小
iPhone plus 系列	180px × 180px（60pt × 60pt @3x）
iPhone 系列	120px × 120px（6opt × 60pt @2x）
iPad pro	167px × 167px（83.5pt × 83.5pt @2x）
iPad，ipad mini	152px × 152px（76pt × 76pt @2x）
App Store	1024px × 1024px（1024pt × 1024pt @1x）

3. 图表的动态变化

（1）滑过或点击

第一种：在图标的上方或下方显现文字说明，即文本描述。仿佛是图标自己开口说话向用户进行自我介绍，告诉用户它是谁。进一步起到明确图标所示意的功能的作用。

第二种：在鼠标滑过时，图标本身也会出现矩形的背景边框，类似实际生活中按钮被按压后的变化效果。

第三种：图标色彩的明度或纯度，图标质感发生一定的变化。

第四种：图标的体积出现细微的缩放变化。

第五种：两种或以上的变化效果同时出现是较为常见的（图5-16）

图 5-16　iOS14 图标的变化效果[1]

（2）图标在移动过程中的动态变化

图标在动态交互的过程中，除了链接的功能外，还可以拖曳、移动。在拖曳和释放的过程中，图标的透明度变低或图标的尺寸出现缩放变化（图 5-17）。

图 5-17　图表的透明度变化

① 图片来源于：https://www.Apple.com.cn/iOS/iOS-14/

4.图表的绘制

建议首先用铅笔在纸张上绘制草图、并反复推敲、修改,直至总体风格确定为止,以免直接用软件渲染浪费时间。随后,当草图方案确定后,再导入电脑,用如 Adobe Jlustrator, Freehand, 3ds MAX 或 Photoshop 等类似的可绘制矢量图形的软件创建基本图形,在现有的界面上进行加工。最后,进行高保真原型的制作,用电脑做进一步的调色、渲染的完善工作。也可用合适的特效再加工下,以使制作出视觉上与实际产品类似,用户体验上也与真实产品相差无几的图标。包括仿真 Demo 展示(demostration,供商业客户或测试人员审阅的声情并茂的内部示范版本)的制作等。比如我们要绘制 32 像素 ×32 像素图标,在纸原型上勾画出大体轮廓后,把该图导入电脑,再用可绘制矢量图形的软件勾勒出矢量图,并进行着色、渲染等加工,然后把该矢量图标用 PNG 的格式导出为一个 32 像素 ×32 像素的背景透明的文件即可。另外,需要注意的是,图标的设计始终属于目标屏幕设计,也就是说图标设计之初就要锁定目标屏幕的尺寸,再进行有的放矢地设计。一般情况下,遵循宁大勿小的原则,即从设计大图标开始,再在大图标的基础上,设计小图标。

第三节　色彩的视觉传达与设计

一、色彩设计的通用性考虑

色彩设计的通用性考虑在此是指应考虑色盲或老年人等弱势群体对于色彩辨别存在的困难,这也是提高产品或系统设计包容性的一个重要方面。

统计表明,男性中有约 8%、女性中的约 0.5% 的人有颜色感知障碍,即色盲。有数据表明这种情况在白人男子中甚至更为普遍：欧洲裔男子中有 12% 受到色盲症状影响。因此在色彩选择中应通过设计手段保证这些弱势群体平等使用网页等界面的机会。

完全看不到颜色的人称为全色盲，但大多数色盲人群并不是完全看不到颜色，Wolfmaier 在 1999 年的研究表明，多数色盲是对某些特定颜色难以区分，最常见的色盲是红绿色盲，难以辩别深红色和黑色、蓝色和紫色、浅绿色和白色等，其次有黄绿色盲、蓝色盲等，全色盲的人并不多见。

在色彩选择过程中，可以采用在线色盲模拟器来检查所采用色彩在色盲的人观看时是否影响其对信息的理解。此外，Adobe 也自带校样设置，Photoshop CS4 和 Ilustrator CS4 及以上版本都提供模拟红色盲和绿色盲的校样设置，只要选择"视图—校样设置—红色盲型 / 绿色盲型"即可。类似的免费网站还很多，也有相关的 App 的开发，可以下载。在交互界面设计的色彩选择过程中，应避免采用色盲的人不容易辨别的颜色配对。如深红和黑、深红和深绿、蓝色或紫色等。

而对于老年人群来说，随着年龄增长，晶状体老化变得浑浊泛黄，视觉神经退化、视网膜锥体细胞减少，白内障形成是普遍现象。有统计表明，白内障发病比例与年龄正相关，50~60 岁的老年性白内障的发病率是 60%~70%；70 岁以上的老人的白内障发病率高达 80%；80 岁以上老年人的白内障发病率几乎达到了100%。

由此带来的影响就是老年人的色彩辨别能力逐渐降低，与年轻人相比，他们对色彩的知觉范围会逐渐变窄，尤其是当色彩相近时，分辨能力就更差。最典型的包括老年人容易将白色误看作黄色，甚至棕色，对青色和黑色也难以区分。

不同的实验研究都表明，老年人对短波长的色彩区辨能力也很差。即随着年龄增加，绿到蓝范围色彩辨别能力会有所下降，而在红到黄范围内则相对影响较小，这种情况在低照度情况下更加明显。

结合近年来基于屏幕界面使用的老年人色彩辨别实验成果，提醒我们在考虑老年人的色彩辨别能力变化时，应当保持色彩、色相的对比，加大图底对比，选择色相差异大一点的色彩组合，以提高视觉认知度。

各色彩与其对比色相互组合时，文字视认的正确率也很高。例如，不论是作为背景色或是文字色，相较于其他的色彩，黑、白是视认度最佳的色彩，而阅读性最好的一般以蓝底白字的错误率最低，其次为白/黑、黄/黑、绿/红，蓝绿/黑、黄/蓝、紫/蓝、紫/红以及色相差异大一点的色彩组合。

二、色彩和情绪

不同的色彩色调会带给人不同的身心感受，会影响人的情绪，或者换句话说，色彩也有自己的情绪和气质。

色彩的直接心理效应来自色彩的物理光刺激对人的生理发生的直接影响。研究表明，在红色环境中，人的脉搏会加快，血压会有所升高，情绪兴奋冲动。而处在蓝色环境中，脉搏会减缓，情绪也较沉静。

如上所述色彩影响着人的情绪，从而也会影响人们的购物行为。色彩是消费者消费决策因素中至关重要的一个因素。消费者在购物时，商品的视觉感官和色彩往往比其他因素更能决定消费者的购买。色彩可有效增加品牌认知度，在界面设计中品牌认知直接关系到消费者的认可程度。不同的色彩适用于不同的场景，并影响特定类型的消费者，从而改变或刺激到消费者的购物。物以类聚，人以群分，不同的色彩喜好也会将人分为不同的组别，其中男女对于色彩的喜好便有很大不同。

产品设计中需要细致的考虑到怎样的色彩和搭配能够带给目标用户群体一致的品牌辨识，以及契合他们对于色彩的偏好。

如图 5-18 所示，中国建设银行则是大量采用蓝色作为界面的颜色，带给人冷静精明的情绪，让用户对其产生品牌的信任感和使用的安全感。

图 5-18　建设银行网站[①]

三、移动端界面色彩搭配

(一)移动端界面配色原则

色彩搭配本身并没有一个统一的标准和规范,配色水平也无法在短时间内快速提高,不过,学习者在对移动端界面进行设计的过程中还是需要遵循一定的配色原则的。

1. 色调的一致性

在着手设计移动端界面之前,应该先确定该界面的主色调。主色将占据界面中很大的面积,其他的辅助性颜色都应该以主色调为基准来搭配,这样可以保证应用界面整体色调的统一,突出重点,使设计出的界面更加专业和美观。

2. 保守地使用色彩

所谓保守地使用色彩,主要是从大多数的用户考虑出发的,根据所开发的移动端产品所针对的用户不同,在界面的设计过程中使用不同的色彩搭配。在移动端界面设计过程中提倡使用一

---

① 　图片来源于：http://www.ccb.com/cn/home/indexv3.html

些柔和的、中性的颜色,以便于绝大多数用户能够接受。

3. 要有重点色

配色时,可以将一种颜色作为整个界面的重点色,这个颜色可以被运用到焦点图、按钮、图标或其他相对重要的元素中,使之成为整个界面的焦点。

4. 色彩的选择尽可能符合人们的习惯用法

对于一些具有很强针对性的软件,在对界面进行配色设计时,需要充分考虑用户对颜色的喜爱。例如,明亮的红色、绿色和黄色适合用于为儿童设计的应用程序。一般来说,红色表示错误,黄色表示警告,绿色表示运行正常等。

5. 色彩搭配要便于阅读

要确保移动端界面的可读性,就需要注意界面设计中色彩的搭配,有效的方法就是遵循色彩对比的法则。通常情况下,在界面设计中动态对象应该使用比较鲜明的色彩,而静态对象则应该使用较暗淡的色彩,能够做到重点突出,层次鲜明。

6. 控制色彩的使用数量

在移动端的界面设计中不宜使用过多的色彩,建议在单个应用界面设计中最多使用不超过 4 种色彩进行搭配,整个应用程序系统中色彩的使用数量也应该控制在 7 种左右。

(二)色彩实例分析——以 iOS13 为例

作为 iOS13 中最重量级的更新,黑暗模式在带给人全新的视觉体验之外,也带来了一套与浅色模式相对应的色彩规范。

iOS 的设计师对之前混乱的色彩规范做了更为详细的修改、分类和整理,并为每一种系统色都专门进行了针对 Dark Mode 的调整,确保这些色彩在浅色和深色模式中都能拥有比较好的可读性、协调性和美观性。iOS 的官方规范中已经放出了这一部分色彩的对应表。

1. 系统彩色

苹果为官方组件中的彩色做了黑暗模式的适配,使得色彩与背景的对比度在深浅模式中能够保持一致。当然,苹果也强调了这些色彩并不是强制使用的,按需取用即可。

图 5-19 iOS13 系统色

下图是应用新色彩后的效果图。下面两张是两种色彩分别在全浅和全深背景下的对比,能够看出来它们之间有着细微的差异。

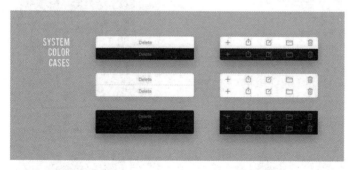

图 5-20 全浅和全深背景下的对比

2. 中性色

iOS 应用中存在大量的中性色，包括背景色、文字色、分割线等，这些色彩在 iOS13 中重新进行了分类和规范，且已经全面应用在系统组件之中。

背景色有三个层级，浅色模式下三个层级分别为白→浅灰→白，而深色模式则是依次变浅的黑色。

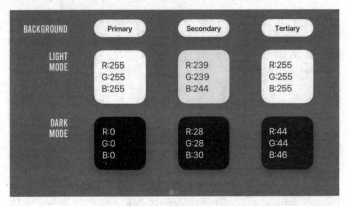

图 5-21　背景色有三个层级

文字色除了一级色彩使用的全黑和全白之外（图 5-22），其余三个层级均为同一色彩的不同透明度（图 5-23）。

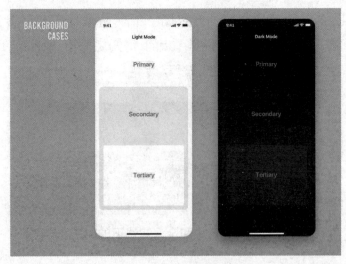

图 5-22　全黑和全白

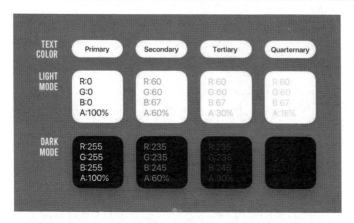

图 5-23　三个层级均为同一色彩的不同透明度

3. 填充色和分割线

苹果还提供了一组带透明度的"填充色"（Fill Color），这组填充色能够在 RGB 色值保持一致的情况下，仅仅通过微调不透明度就能在浅色和深色背景中达到相似的对比度，设计中如有需要，可以直接调用。

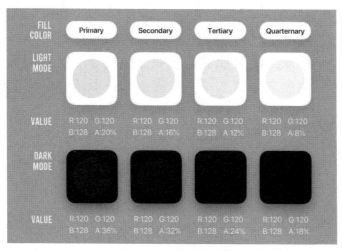

图 5-24　填充色能

而对于分割线，苹果也给出了深浅模式下各一组带透明和不透明的色彩，正常情况下使用带透明度的即可，只有当出现交叉分割线时才需要用到第一列实色。

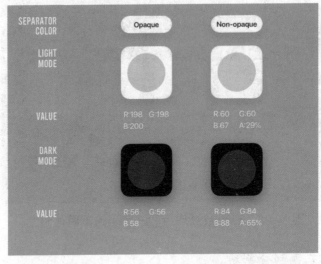

图 5-25　分割线

4. 系统级组件的适配

　　阴影→浮层。需要注意的是在白色背景下能够轻而易举突出页面 / 卡片纵向层级关系的 "阴影"，在 Dark Mode 的纯黑色背景下已经不适用了，所以 iOS 建议利用 "浮层"（Elevated）来表达页面的纵向关系。Elevated 层只在黑暗模式中起作用，所以对应的色彩规范也全是以深色模式为准。简单而言就是在 Dark mode 中去掉阴影，把卡片颜色做淡。

5.Material 卡片

　　Material 卡片是在 iOS 中大量使用的带磨砂玻璃质感的卡片（图 3-61）。打开自己的 iPhone 就能看到一屏这种材质的通知卡片，其余地方包括负一屏、3D touch 呼出的快捷菜单、Action sheet、Activity Views、部分应用的 Tab Bar 等地方都有 Material

卡片的应用。

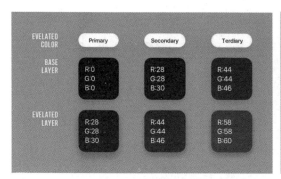

图 5-26　阴影→浮层

　　之前的 iOS 版本中都没有确切地表述这种卡片该如何使用（图 5-27），但这次苹果给出了相当明确的规范。该材质拥有四种不同的"厚度"，也就是四种不同程度的背景模糊。在深色模式中同样有四种对应的样式，具体如下。

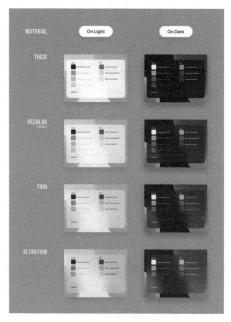

图 5-27　带磨砂玻璃质感的卡片

图 5-28　Material 卡片

6. 其他组件

当然，为了适应 Dark Mode 的视觉需要，其他一些组件也有一定程度的微调，我们将它们都列在这里，并以 iOS12 中的组件作为对比。

7. 自定义色彩如何适配 DM

当然，除了系统自带的色彩，大量的第三方 App 也都拥有自己的色彩规范，这时候就需要发挥设计师的主观能动性加以选择。但是自定义色彩也不能乱设，为了在 Dark Mode 中更加和谐统一，构建更加整体一致的 iOS 生态，官方建议使用在线的比色工具，确保自定义色彩与背景的对比度不小于 4.5。

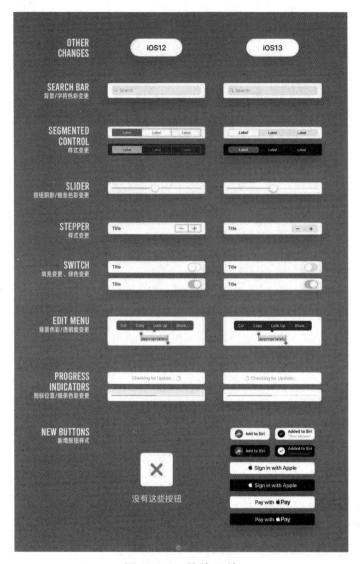

图 5-29　其他组件

图 5-30　自定义色彩

第四节　网格的视觉传达与设计

一、网格设计的释义

网格是指一组组横平竖直的线构成的平面空间。网格这种新的造型语言应运而生。网格设计是解决汉字图形骨骼设计、构图设计、版式设计等多方面设计的基本问题的一种基础设计方法。因此,是视觉设计的基石。

现代网格设计的历史起源于 20 世纪 50 年代的瑞士。网格设计的诞生是为了解决作为中立国瑞士经常需要用多种语言排版的棘手问题。在书籍排版时,有意识地通过左对齐并且右不对齐来引导阅读。网格设计以其理性和秩序感能够将复杂的内容组织得井井有条,并且通过网格设计摆脱了之前装饰意味浓郁的风貌。

网格设计的第二次兴起,主要有赖于数字媒体时代,设计师逐渐发现网格是组织网页结构、在多设备间实现响应式的理想工具。我们在这里提及网格设计,同样也是因交互媒体时代,无论是网页还是数字媒体终端设备,网格通过 3、5、9、12 等不同栏的变化,实现内容的最佳视觉显示效果。这种模块化的设计,也符合交互内容的扩展和更替的需求。

图 5-31　App 网格设计 ①

二、网格设计的要素

在网格设计中,需要注意这些要素。

首先,长宽比。长宽比是一个造型对象的总长和总宽的比例关系,限定了整体外形的特征。是瘦长的形态,还是方方正正的形态,还是有特定角度倾斜的形态……这给观者的第一印象非常重要,它约束了事物的外形。

其次,结构关系。是上下结构,是内外结构或是左右结构,决定了造型对象中不同元素的组成方式,这样的设计在字体设计中

---

① 图片来源于:http://www.woshipm.com/ucd/910698.html

非常常用。

再次,重心。重心是横紧中心线的交叉点。它是水平方向结构和垂直方向结构会合的地方,重要性不言而喻。重心是视觉的焦点,也是图形表现的重点。重心的选取,一般根据图形的需要而定。

常见的寻找中心的办法是通过九宫格来确定。以摄影作品为例,将水平方向和垂直方向分别做三等分画线成九宫格,摄影作品的重心一般在中间一小格的四周,这样的作品就显得生动活泼,比较有动感和现代气息,如果重心在正中间的格子,作品体现出典雅稳重的视觉效果。所以,重心的选择是根据作品需求而定的。

三、利用网格设计字体

(一)网格对于字体的意义

在设计中利用网格系统的帮助,能更快地解决设计中的问题,并且让设计更具功能性、逻辑性和视觉美感。网格也被视为一种秩序系统来进行使用,因为它体现了设计师是以一种结构性、预见性的方式来进行构思和设计的。简单来说对于字体中只需要定好每个笔画和笔画之间留白占多少格子,从而让设计更加科学、合理、具有数学逻辑的美感。

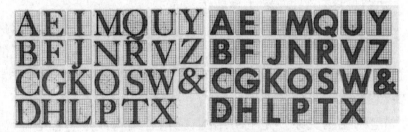

图 5-32　利用网格设计英文字体 ①

① 图片来源于：http://www.xueui.cn/tutorials/logo-tutorials/design-fonts-with-grid.html

（二）网格在字体中作用

在设计字体的时候,最重的是整体文字的"平衡性",使用网格相当于添加了骨架稳定文字平衡;而使用网格做为基础,可以让文字中的每一个笔画的构成变得简单,文字骨架得到稳定平衡、准确、清晰、对称,留白得到均分,字体重心统一。以网格构成的字体会让字体的构成感很强、有点线面的节奏感。刚开始可以把汉字看作图形,把文字当成图形去设计,不要当成单个字去看,要当成组合、图形画面,不然会很难打开固有思维模式印象。在使用网格设计之前,需要先梳理字体笔画结构、特点再以网格的方式呈现。

图 5-33　利用网格做出字体

（三）建立网格的两种方法

建立字体网格不用像 UI 界面那样去算水槽、边距、内容区域大小,只要是个四方形的格子就可以了,确定字体骨架,数每个笔画占多少网格。

（1）AI 矩形网格工具。使用 AI 矩形网格工具,根据自己的需求调整宽度、高度,其他的参数不需要动,如图 5-34 所示。

（2）AI 显示网格。以苹果系统为例，键入"command"键就可以调出网格，command+K 调出首选项、参考线和网格，可以根据需求调整"网格线间隔""次分隔线"。

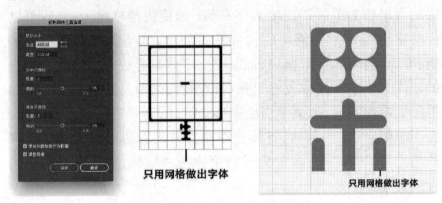

图 5-34 利用网格做出字体

（四）利用网格提升字体表现力

以下分析利用网格设计字体，在原有设计好的网格基础上，分析笔画特点，进一步提升字体的平面构成感、节奏变化。

1. 横、竖笔画较多做笔画延伸排列

在设计中，如果发现一个字体里面横竖笔画很多，直接将横笔画进行左右两边延伸（图 5-35），竖笔画进化上下延长（图 5-36），强化笔画特点，撑满画面，让字体变得有张力、有特点；这种将笔画横笔画左右两边延伸、竖笔画上下延长的手法比较适合以字作为主体的创意海报（图 5-37，图 5-38）、主视觉、书籍封面等应用。

2. 笔画平衡点置于中心

当一个字体里面只有横、竖两种笔画结构特点，可以将笔画平衡点置于中心。先用正方形设定字体的宽高，单个字体面积占正方形一半大小，多余一半留白做横笔画向左右两边延伸（图 5-39）。

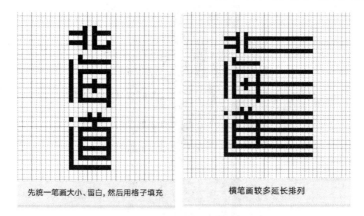

图 5-35　横笔画左右延伸排列

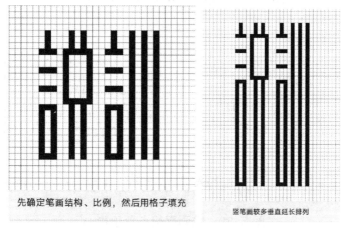

图 5-36　竖笔垂直划延伸排列

图 5-37　横笔画延伸海报效果

图 5-38　竖笔垂直划延伸海报效果

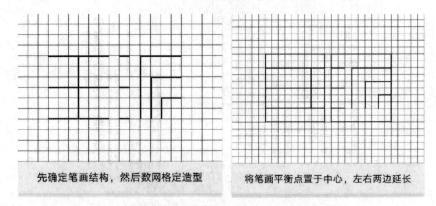

图 5-39　笔画平衡点置于中心

3.用图形替换相应笔画

给字体做些笔画加减法,舍弃一些多余的笔画,用图形直接代替笔画。像汉字少一两笔不影响其识别度,只要舍弃的不是像竖笔画这样的主笔画,舍弃反而还会增加字体的个性。先把一个完整的字体造型做好,在保证整个骨架没问题,不影响识别度,进行笔画和图形相互交叉替换,提升字体表现力(图5-40,图5-41,图5-42)。可以使用一个小技巧:舍弃的笔画尽量不要选择影响字体外部轮廓的识别。

先梳理共性元素，重复、对称、镜像　　　用花的图形替换笔划，让字表情更形象

图 5-40　用图形替换相应笔画（1）

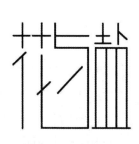

先用网格做出基本字形

"是否"原本口字是正方形让整个字型显得很呆板，没有节奏变化，直接使用圆替换正方形，是否跟英文 YES NO意思一致，两个圆里面分别取首写字母结合，文字正反看都是"是否"而且有中英文组合更有趣。

图 5-41　用图形替换相应笔画（2）

先用网格做出基本字形

"花与盐"上面第一个版本纯字型看起来比较单纯，缺乏一丝意境美、情绪宣泄。"花"上半部分笔划替换成图形、"与盐"利用笔划优势穿插花瓣的元素，营造花园氛围。

图 5-42　用图形替换相应笔画（3）

4.间架结构对齐,让字体更统一

有一种对齐方式是让我们用字体外轮廓进行生硬的去对齐,虽然外形是对齐了,但是导致了字体内部的间架结构不明确、对称、均衡,笔画不统一、留白不均分;间架结构对齐方式,比字体轮廓对齐更统一、协调。在设计的时候利用网格优势,让笔画均分切割空间,建立稳定字体间架结构(图5-43,图5-44)。

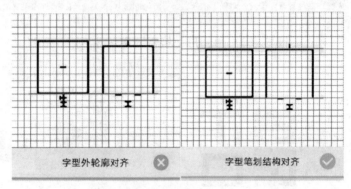

字型外轮廓对齐 ✕　　　字型笔划结构对齐 ✓

图5-43　间架结构对齐（1）

字型外轮廓对齐 ✕　　　字型笔划结构对齐 ✓

图5-44　间架结构对齐（2）

简单来说设计字体的时候确定好每个笔画和笔画之间留白占多少格子,从而让设计更加科学、合理、具有数学逻辑的美感。使用网格也相当于添加了骨架稳定文字平衡性;而使用网格做为基础,可以让文字中的每一个笔画的构成变得简单,文字骨架得到稳定平衡、准确、清晰、对称,留白得到均分,字体重心统一。以网格构成的字体会让字体的构成感很强、有点线面的节奏感;网格提升字体表现力可以用上面四种方式。

四、利用网格系统设计 App 界面

设计产品界面中离不开网格,网格让界面更加有节奏且信息层级更清晰,使我们能够舒适的阅读及很好使用产品。槽糕的网格系统是无规则、无节奏感可言,给用户呈现出一种劣质的产品。

在做平面设计的时候应该听过 Gird System,即网格系统,那么我们在 App 设计中如何正确使用。例如图 5-45 所示,左边和右边哪个间距更好? 我们先来看下它们的网格(基于 750 设计),如图 5-46 所示。

图 5-45　利用网格系统设计 App 界面(1)

图 5-46　利用网格系统设计 App 界面(2)

很多刚入行做设计的同学设计的界面就如同左边这样毫无规律可言,甚至有些工作几年的设计师也会出现同样的问题,没有科学的去定义系统间距,导致界面设计品质感低。

科学定义 UI 网格系统方法很多,如运用 8 点网格系统、斐波那契数列、某最小原子单位的增量、从底层系统参数化定义间距等,这里以某最小原子单位的增量去定义网格系统为例进行论述。

(1)首先确定基础间距原子单位,比如这里我们定义最小数值为 6,那么以 6 为基准去延展系统间距,得到如下间距系统:

1、2、6、12、18、24、30、36、42、48、54、60、66、72……、96、192等,这里都是 6 的倍数或能被 6 整除。

(2)继续优化梳理间距得到如下,为何要梳理? 如果间距多,过于细碎也会导致画间距比较乱(以 6 为基准,前面个数是后面个数的 2 倍递增)。

1、2、6、12、24、48、96、112。

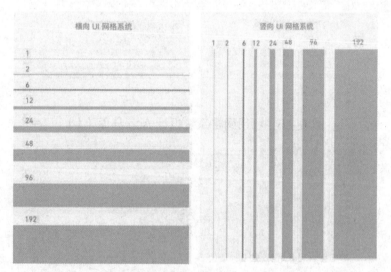

图 5-47 利用网格系统设计 App 界面(3)

(3)实战演示。如图 5-48 所示,右图所示界面设计中所用到的间距参数都是前期定义好的间距,然后设计时候就使用定义好的间距,不要再随意地去增加间距。如果间距不够用,可以在继续以 6 的增量继续增加间距,灵活运用即可。其他组件拓展使用演示如图 5-49 所示。

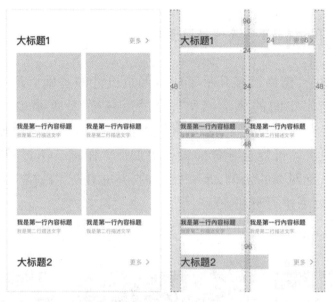

图 5-48　利用网格系统设计 App 界面（4）

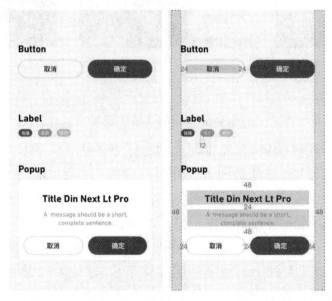

图 5-49　利用网格系统设计 App 界面（5）

　　总体来说,在定义间距过程中需要注意的点:（1）最小原子单位并不是随意定义的;（2）间距定义以某一最小原子的增量去定义；（3）切记勿乱用间距，间距使用得有规律和节奏。

五、利用栅格系统保持网页的协调

现如今，栅格已经几乎是所有网页设计的基础。这些隐形的线条创造出空间的节奏感和视觉的流畅感，让网页变得更加和谐。栅格存在的目的是创造好的设计（图5-50）。设计师偶尔打破栅格的设计可能会让你的设计更加抓人眼球。不过，想要打破栅格又保持网页的协调，是有技巧的，并非任何"破格"的设计都是好的，以下进行分析。

图5-50　栅格系统的使用

想要打破栅格，首先得深入理解栅格系统。无论使用的是哪种样式的栅格，它都是网页设计过程中的"基础设施"，它可以辅助设计师确定元素的放置，确保不同的控件在页面上堆叠而不会显得突兀不协调，有助于保持页面的组织性。

栅格的特点：（1）保持内容的组织度。在栅格系统下，元素从左到右，从上到下都清晰明了地排布起来，让布局保持一致性。（2）使得设计更有效率，因为规则化的栅格让各种UI元素的排布都规则化。（3）让网页不同的页面看起来都保持一致性。（4）让元素和元素之间的间距都一样，让整个设计保持整洁。

既然栅格有这么多的优势，那么为何还要打破栅格呢？这不难理解,栅格营造出一致和协调的观感,打破栅格的元素 自然就显得更加"刺眼"了,这无疑就是一种强调了。想要让这个元素打破栅格,又能与其他元素形成搭配,有许多讲究。

将不同的元素置于不同的图层,这样可以确保部分元素超出于栅格,而其他的元素保持一致。

由于 Material Design 的流行,现如今许多网页已经开始使用图层来管理网页中不同的元素。不同的元素在不同的图层中,以不同的规则运动,相互交叠又互相区分,更为高效地运作。

如图 5-51 所示, Cmmnty 这个网页中,让线条和文本同图片产生了交叠,借助错位的排版营造出一种失衡的效果。在整个设计中可以看到栅格的痕迹,而这个时候的视觉失衡的部分,就显得相当显眼了。想要强调一个元素,留白总是最有用的手段。只有在正确的地方创造留白,才能让其环绕下的元素显得突出。

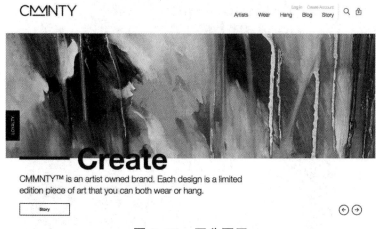

图 5-51 区分图层

我们常常会认为,在移动端布局上,单列或者单行的布局是比较合理,但是多行列的布局其实也是可行的,重要的是创造出整体性更强的视觉设计。

如图 5-52 所示, SAS 这个网站,当设计师使用留白来打破传统的布局之时,让文字左对齐横跨不同的区块,加上居中的图标,这样的设计令这些打破栅格的元素更加醒目,更能吸引用户的注意力。留白的使用,为这些元素创造了"被注意"的机会。

当元素以某种形式被包含到其他的容器当中的时候,即使栅格系统因此被破坏,也往往能给人一种整体感。就像图 5-53 所示的网页,打破栅格的文本被置于彩色的背景当中,就是这样做的。这种被置于一个容器中的元素,即使并没有遵循栅格的规范,也常常会给人一种相互关联的感受。这种被包含在容器中还打破了栅格系统的设计,是一种颇为有趣的手段。许多容器都被设计成完全对称的样式,但是其中的元素则不然,这从某种意义上打破了原本单调的设计。

图 5-52　有目的地使用留白

图 5-53　将元素置于容器中

想要打破栅格最好的方法,就是借助细节来实现这一目的。

但这并不意味着到处都要加细节,和留白的道理是一样,如果网站到处都是突破栅格的细节,那么网站会彻底陷入混乱的。所以,选取特定的元素来进行调整会更有效。

　　点缀性的元素是非常不错的选择。比如为某个需要强调的元素附上一个大胆而醒目的色彩,调整一下它的位置,或者微调一下它的位置,让它突破栅格系统。

　　The Land Of Nod 这个网站就使用较长的平行四边形来"打破栅格"。首先这个形状并不常见,醒目的红色和它半叠加的位置,都让它从整个设计中脱颖而出(图 5-54)。

图 5-54　调整特定的元素

　　借助动效,让元素从栅格系统中脱离出来,也是个不错的方法。和上一个相同,当单个元素运动起来的时候,效果会非常明显,甚至能够让整体的栅格系统显得不是那么明显。

　　当然,Trippeo 这个网站所采用的方法更加激进:它让中间计费的图形位置不变,而背景的所有元素都随之移动,整个网页融入了视频背景、栅格系统和视差滚动等多种技术。

　　有的时候,打破栅格并不需要真的"打破"它。设计师可以在栅格系统内借助有趣的形状和非对称的搭配,营造出"被打破"的效果。不打破栅格的好处在于,依然充分利用栅格系统的优势,同时还能做一些不一样的东西。最好的方式是借助奇数的行列来设计,加上不完全或者不充分的元素填充,营造出错、漏、缺、不对称的效果。就像图 5-56 所示的 Marche Notre Dame 这个网站，虽然看起来不对称，但是其中的内容依然是沿袭着栅格化的布局。

图 5-55　借助动效

图 5-56　创造打破栅格的幻觉

第六章 交互设计细分领域应用实践

交互设计体现了系统、环境与人工制品行为,是对行为传达的定义与设计。和传统设计学科不同,交互设计重视内涵、内容。在新时期,能量、信息与物质的传递依靠交互,从而使得交互设计应用于各个领域之中。

第一节 网络广告交互设计

网络广告的交互性设计是这一新媒体广告形式与传统广告设计的重要区别之一,它使网络广告能够充分体现存在的价值。交互性体现了网络媒体的优势,同时又形成了交互的传播方式,构成完整的视觉信息传播过程,因此对交互视觉特性的研究就成为对网络广告研究的重点。此外,网络广告交互性设计体现在视觉、心理、行为等三大方面的沟通交流。其中,对网络广告交互式视觉结构的研究成为关键,其心理及行为交互的实现都以视觉交互为基础。也就是说,对网络广告交互式视觉结构的研究,最终的意义是使网络广告具备良好的互动沟通功能,使受众主动自愿地投身于其中,提升广告的点击率,使参与互动的受众从感官愉悦到意蕴的领悟再到精神的升华,保证广告信息得到最有效的传播。[①]

---

① 刘扬,吴丹.网络广告交互设计 [M].重庆:西南师范大学出版社,2013.

一、网络广告的交互形式

网络广告的信息传播效应主要依赖交互形式来实现。交互性与可选择性打破了传统广告的制约,构成了完整的信息传播过程(图 6-1)。

图 6-1 可口可乐广告

在网络广告设计中,需要通过多样的交互形式设计来展示交互特性的魅力。对交互形式的研究,符合在传播中受众占有主导地位的要求,对广告信息的有效传播具有突出的作用与意义。

(一)需求性交互

网络广告的需求性交互是针对目标受众的需求,同时兼顾大众消费者而进行的交叉互动的设计形式。由于需求与受众的对应性决定了受众对信息的选择,因此,需求性交互设计主要集中于为受众提供选择的设计。具体来说如受众群组、信息分类、引导性链接设置等。总的来说,需求性交互设计首先要具有指向性,是对某种事物的需要,对象可以是具体的人或物,也可以是某个过程或结果。如 6-2 所示的衣服广告,该广告就具有较强的指向性。

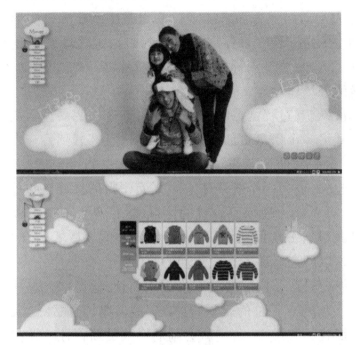

图6-2 某品牌衣服广告

其次,是对需求共性及个性的把握,要了解需求共性与个性辩证统一的关系。它们是相互联系的,需求的个性需要在共性中得到体现,个性离不开共性;它们不是凝固不变的,在一定情况下会发生变化。也就是说,对于需求性的交互设计要具有个性的特点,但不能执着地突出强调个性而忽略了共性需求,就是要在设计中既兼顾不同受众的需求,又能使目标受众的个性同时得到满足。

再次,需求性交互设计要关注需求的层次性,从安全感到亲切感、从个人价值认同到理解认知、从审美到自我实现,由浅入深,使受众尽可能从生理、心理到精神的需求逐步获得层次性的满足。这种形式对受众在需求产生的不同阶段都具有行为的推动力,支持与维系交互过程的选择。

(二)趣味性交互

趣味性交互是维持受众注意力,使其保持兴趣与新鲜感,是对受众的一种欲望培养形式。交互形式的趣味性通过视觉互动以及行为互动两大方面来体现。首先是图示趣味。图形或图像在互动中的趣味性大多体现在某几个点上,应作为画面的增彩部分设计。例如,小型图标式的鼠标跟随、链接按钮的触动变化、身临其境的现场体验等。

其次,交互过程的路线设置也能引起受众的兴趣。从一个信息页面到另一个信息页面、从一个分类信息区域到另一个分类信息区域,这中间的过渡与转换要自然流畅,通过链接的方式将信息串接起来,成为一个统一体。主页面作为信息分类的总汇处与中转站,可以成为趣味点设置的区域,各信息页面不是以单线串联的形式进行分层的,而是以主页为中心的发散式信息结构,整个信息是以动态循环的方式流动的。

还有就是广告内容要具有娱乐指向性,这是广告总体上能引起受众兴趣的点。总的来说,让受众感兴趣、能抓住受众注意力的互动形式不宜过多,否则就会削弱形式的新颖性。趣味性的交互设计,其趣味性是在交互过程中体现出来的,受众通过参与获得结果,才能感受到其中的乐趣。

（三）情感性交互

情感性交互要以最终达成与受众的心灵沟通为目的,这样才能真正打动受众。情感因素的产生与受众的需求密不可分,创造能够激发人情感的交互形式,最基本的就是审美对象创造的直观性和形象性,因为这样的创造是具有感染力的。同时,形式创造要能捕捉时代理念、能够营造出具有人情味的生活意象,让受众感受真切。情感的交互要具有层次递进性,不能急于一步到位,情感是通过渗透的方式传递到受众心底的。整个的交互过程中,受众从感官的愉悦到价值的体验,最后上升到精神享受的境界。这样的情感性交互形式,也符合了人们需求的提升,是一种对价值的追求和情感的依托。

二、网络广告的传达选择

交互形式是现代视觉信息传达中的一个重要的语言方式，所谓信息的交流与沟通即是如此。而应用不同的网络广告形式传达信息，从广义上包括一个系统向另一个系统之间传达方式的选择性，从这个意义上，传达也是设计的一种。也就是说，特定的信息是通过特定的选择方式来传达的。网络广告的传达选择通常有以下几种方式：

（一）信息分层

网络广告具有时空延展性。与电视、广播广告相比，网络广告给予受众的选择时间充裕得多，受众停留的时间长短由其自身的因素决定。在空间方面，网络广告比电视、广播广告、户外广告、报纸、杂志广告等都更胜一筹。电视、广播广告由于时间的限制使得信息量必须受到控制，必须在短时间内尽可能地将最重要的信息传播出去，因此信息相对集中。而户外广告与报纸、杂志广告要受到空间和版面的限制，承载的信息量也十分有限。但网络广告的空间是可以拓展的，从版面来讲，在占领与报纸、杂志广告同样大小的版面前提下，网络广告可以从纵向扩展到二级信息页面甚至三级信息页面，这类似于产品信息的宣传册形式。

有了足够的展示空间，网络广告就不必刻意地缩减信息量，并且可以将信息分类，让受众有了思考和选择的余地，因此，主页面的广告信息是引导信息，向受众提供思考所需的信息居于次页面。信息的层次性特征提供给信息一个构架，网络广告根据受众的兴趣爱好和需求的差异，将信息进行归类后，分别载入相对应的页面和栏目。受众可以自主地选择能满足自己需求的信息，在信息归类正确、条理清晰的前提下，受众就能直接准确地找到目标信息的所在，避免不必要的信息干扰。

在视觉形态构成上，受时间与空间条件限制的广告形式，如果需要在有限的范围内尽可能大地输出信息,就需要具有较强的视觉或听觉冲击力,以此来吸引受众的注意力。这种冲击力的创造有的是靠强有力的色彩对比,有的是用音效的刺激,还有的是靠镜头的频繁切换。这一类广告形式的设计基本都以吸引受众注意力为主,如图 6-3 所示。

图6-3 具有视觉冲击力的网络广告[①]

而网络广告是以保持和引导注意力为主。网络广告的信息分层,将广告的诉求点分散在了不同的区域,因此不用急于在一出场就把所有信息都抛出来。开场画面是简洁明快的。首页信息作为引导信息,不一定要用具有过分强烈的视听刺激来拉拢受众,页面具有突出的视觉中心,形态构成在受众的心理上形成一种期待或者好奇,保持一种上升的趋势,就能触发受众想进一步了解详细信息的欲望。对于次页面,它们包含的信息实际上是首页信息的细化,因此次页面的信息量相对较大,信息的合理布局直接影响信息沟通的有效性。多层信息之间具有相对的连贯性,其关系是统一与变化并存的。

(二)主题递进

主题的递进是建立在信息分层的基础上的。网络广告将主

---

① 图片来源:http://www.boruisz.com/1882664.htm

题信息分解于不同的层面进行传达,但由于网络广告能够承载的信息量大,信息集中传达的效果并不会比分散后强。因此,受众在通过网络广告的交互形式所进行的信息沟通过程中,获得的是对整个过程的总体感受,这种总体性不同于一个点位的性质,而是一种阶段性的总结。

信息的分层是主题信息的分类呈现,是从不同的角度对主题信息进行阐述。其分类方式依据受众的差异性来确定,不同的人具有不同的兴趣爱好,不同的需求决定了不同的目标关注,不同的认知水平决定了不同的理解能力。

分层信息能够更好地针对其目标受众,投其所好,帮助目标受众理性思考,在充分理解的基础上对其作出判断和评价。从这一方面分析,网络广告的信息组织形式使信息的传达更为完整和准确。信息从传播到被接收的过程是一个循序渐进的过程,通过主页面到次页面再到更深层次页面,信息逐步细化,这也是受众的认识逐步向主题思想递进的过程。

（三）目标引导

所谓目标引导,是对目标受众有目的的引导。因此,起引导作用的形态创造与组织构成都以对目标受众的分析为前提。有了清晰的层次信息划分,信息主页面的导航就很重要。在网络广告中,我们总是从这里开始寻找浏览路程的起点,受众群体也从这里开始分流。画面形式构成与版块分割并不是一味地追求视觉效果,主要的功能是为了强化信息的划分,主次有序,使受众一目了然。分类信息会在这里做目录式的呈现,受众通过对标题式信息的理解来选择符合自身需要的信息页面链接,实施其点击行为,如图6-4所示。

分类信息页面是目标受众自主选择的信息空间,是依据目标受众的需要和喜好创造的信息空间,还反映分类信息主题的个性特色。每个分类信息都拥有属于自己的序列页面,也就是说,按照信息分类的不同,页面设计也具有相对应的类型性划分,但同一类信息的分页页面是具有整体性的。从整个广告形式来看,这些分页页面又都从属于主页面,是主题的延伸和展开,因此同时会保持某些元素与主题页面的一致性。受众在互动过程中既顺利地获取了目标信息,同时又经历了视觉的享受和心灵的愉悦,如图 6-5 所示。

图 6-4　具有目标引导的资讯首页

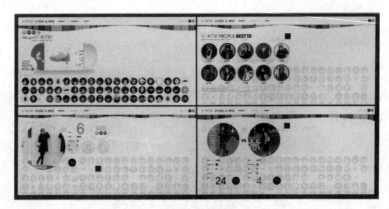

图 6-5　分页页面的整体统一性

此外,受众的行进路线设置也是一种引导性设置,可以是单向的,也可以是双向的,还可以是循环的。单向路线目标性很强,受众往往只接触到自己感兴趣的分类信息;双向路线是迂回的,在了解了一种类型信息后返回到主页面,给受众提供了再次选择的机会,是一种信息推荐的方式,使各类信息被接触的可能性增大；循环路线则较全面，无论受众选择进入哪个分类信息页面，当到达该类信息序列页面的最后时，引导进入下个分类页面，以此类推，直到最后一个分类信息页面的序列结束再返回主页面，这种路线模式主要应用于信息分类少的网络广告。

三、网络广告交互设计方法

网络广告的交互形式需要受众的参与才能发挥实际的作用，因此对受众感召以实现点击的设计就相当重要。根据康斯托克的心理模式，对一个行动的特定描述可能导致受众学习那个行动。对个人来说，这种描述越是显著（即这一行动在个人所看到的全部广告中越突出），就越具有激发力。

（一）专题区域设置

在网络广告中可以设置专题区域，通过对某个行动的特定描述来引导受众点击。专题区域是对主题的深入，要有别于其他分类信息，内容应该更细腻、详尽。例如，奥迪汽车广告的专题区，就是对该款车型的深入解剖，包括了产品配置、产品性能、相关新闻和资源共享。主要针对的是目标消费群体，同时也兼顾了大众对深入信息资源获取的兴趣（图6-6）。

（二）情节链接设置

网络广告可以制作成动画，这样它就可以像影视广告一样，表现一定的情节。情节的设置是使广告总体节奏富于变化的手段之一，其主要目的是带领受众的情感随之变化起伏。这样的设计形式，往往是出乎意料的，容易吸引受众的注意力和好奇心，心理和思维都能紧跟情节的发展，以期待结果。

恰到好处的情节设置，能使受众获得信息的认同感，达到更好的广告效果。例如，奥迪广告中的情节就是围绕"旅程"展开的，其旅途中的情景设置，在展示汽车多路况中良好表现的同时，也表达了奥迪"无论风雨都与您同行"的主题（图 6-6 ）。

图 6-6　奥迪汽车广告

（三）音画共生设计

　　网络广告设计元素的选择是多样化的。大部分专题性的广告网页,除了视觉形式呈现,也有音乐形式的运用,使网络广告形式更为饱满与立体。从色彩的情感性表现中我们了解到,对于刺激物的感应,我们能形成一系列的感应结果,这些结果间有着本质的联系。同样,音乐形式也能有视觉画面的呈现。我们能将听到的各种声音或对音乐形式的联想与想象和某种形状、色彩、形式对应起来,因为它们能唤起同样或类似的情绪感受。因此,音乐形式与视觉形式的结合能加强网络广告的情感表现力。鼠标的接触或点击、形态的变化、声音的回应是个整体的动作,向受众传达点击是否有效的信息,是建立受众点击信心的方式之一。案例广告配以高质感的华丽音乐,也极富动感与时尚感,车身造型和气质体现与音乐形式配合得恰到好处,总体上提升了产品的品质感(图 6-6)。

　　此外,网络广告的互动形式具有选择性,声音与画面是处于不同层面的关联。音效可以具有自己独立的开关,受众可以自行决定当下是否需要音乐形式的陪伴,这样的互动设计是具有人情味的,也从形式上增加了表现的丰富性。

(四)时尚氛围营造

富有情感的广告更易激发人点击的欲望。通过色彩、文字、图形图像、音效、构图等手段营造氛围,使观看的人产生某种情绪。正面的情绪可以使人们接受并点击广告,从而接受广告所推出的服务或产品。网络广告应该设法提高情感效应,善于认识、发挥甚至赋予适合的情感,营造出使受众能产生共鸣的氛围。

对于中高端的目标消费人群来说,奥迪的互动网络广告从整体上营造了时尚、内敛、高雅的氛围。大多处于事业有成的年龄层次,正好迎合了其理性、有潮流意识但不张扬的个性特点。明快干练的设计风格与雅致的色彩搭配,是对品位的彰显,让受众在互动过程中获得身份与地位的认同感。同时,户外体验的生活化气息中和了高调的气氛,调和了目标人群的个性与大众之间的需求差异,使该网络广告的受众面得到扩展,针对和满足了目标受众的同时又兼顾了潜在受众的需求(图6-6)。

总之,在网络广告设计中,围绕满足目标需求为中心、达成有效沟通与情感交流为目的的互动设计,是体现网络广告的新媒体特性以及信息传播优势的关键。要从视觉、心理、精神多方面综合理解网络广告的互动形式效应,把握感性与理性相结合的思维方式,以理论指导实践,在实践中实现创新。

第二节　网站交互设计

一、网站的概念

网站通常都是为了特定的目的而创建的,专门为用户提供某个方面的服务。网站是发布在网络服务器上的,由一系列网页文件构成的,为访问者提供信息和服务的网页文件的集合。网页是网站的基本组成要素。网络用户可以通过网页浏览器或者其他浏览工具访问网页以获取网站的信息和服务。

网站与网页的区别就在于,网站是一个总体,而网页是个体。说访问某个网站,实际上是访问该网站的某些网页,包括网站首页也是一个网页。相应的,在一个统计周期内(通常 24 小时),所有用户访问某个网站的网页数量就是该网站在该统计日的访问量。

中国互联网络信息中心(CNNIC)在进行中国互联网络发展状况统计时对网站的定义为:网站是指有独立域名的 Web 站点,其中包括 CN 和通用顶级域名下的 Web 站点。独立域名指的是每个域名最多只对应一个网站"www+ 域名"。

二、网站标志设计

对于成功的网站来说,网站的标志尤为重要。如果网站标志有着独特的形象,在网站的推广和宣传中将起到事半功倍的效果。网站标志应体现该网站的特色、内容以及其文化内涵和理念。

(一)网站 LOGO 的作用

在计算机领域中,LOGO 是标志、徽标的意思,是互联网上各个网站用来与其他网站链接的图形标志。网站 LOGO 主要有以下一些作用。

(1)LOGO 是与其他网站链接以及让其他网站链接的标志和门户。要让其他人走入你的网站,首先必须提供一个让其进入的门户。而 LOGO 图形化的形式,特别是动态的 LOGO,比文字形式的链接更能吸引人的注意。

(2)LOGO 是网站形象的重要体现。就一个网站而言,LOGO 即网站的名片,而对于一个追求精美的网站而言,LOGO

更是它的灵魂所在,即所谓的"点睛"之处。

（3）LOGO能使浏览者便于选择。一个好的LOGO往往会反映网站及制作者的某些信息,特别是对一个商业网站来说,网站的浏览者可以从中基本了解到这个网站的类型或者内容。当浏览者要在大堆的网站中寻找自己想要的特定内容的网站时,一个能让人轻易看出它所代表的网站类型和内容的LOGO非常重要。

（二）LOGO的国际标准规范

为了便于Internet上信息的传播,一个统一的国际标准是必需的。其中关于网站的LOGO,目前有以下三种规格。

（1）88×31:这是互联网上最普遍的LOGO规格。

（2）120×60:这种规格用于一般大小的LOGO。

（3）120×90:这种规格用于大型LOGO。

（三）LOGO的制作工具和方法

目前并没有专门制作LOGO的软件,并且用户也不需要这样的软件。平时所使用的图像处理软件或动画制作软件都可以很好地胜任这份工作,如Photoshop、Fireworks等。LOGO的制作方法也与制作普通的图片及动画大为相似,不同的只是规定了它的大小而已。

一个好的LOGO应具备以下几个条件。

（1）符合国际标准。

（2）精美、独特。

（3）与网站的整体风格相融。

（4）能够体现网站的类型、内容和风格。

三、交互式网站创建流程

（一）确立网站结构和风格

在开始网页制作之前,首先要根据网站制作的需求确定网站的整体结构和风格。对于不同的设计需求,网站的整体结构和风格都应该是不同的。

确定网站的整体结构和风格需要抓住网站的开发要求和面对的浏览者群体,利用现有的知识,具有针对性地将网站的功能进行分类,完成对网站结构和风格的设计。

(二)页面布局和配色

制作网页时,首先要对页面进行布局,以便合理安排网页的内容。通过设置文本颜色、背景颜色、链接颜色和图像颜色等,可以构造出很多网页布局效果。通常情况下,如果选择了一种颜色作为网站的主色调,那么最后在页面中就要保持这种风格。

(三)确定网页尺寸与版面布局

页面尺寸与显示器大小及分辨率有关。一般分辨率在 640×480 的情况下,页面的显示尺寸为 620×311 像素;分辨率在 800×600 的情况下,页面的显示尺寸为 780×428 像素;分辨率在 1024×768 的情况下,页面的显示尺寸为 1007×600 像素。从以上数据可以看出,分辨率越高,页面尺寸越大。

浏览器的工具栏也是影响页面尺寸的原因。一般浏览器的工具栏都可以取消或者增加,显示全部工具栏时与关闭全部工具栏时,页面的尺寸是不一样的。在网页设计过程中,向下拖动页面是给网页增加更多内容的方法。除非能肯定站点的内容能吸引大家拖动,否则不要让访问者拖动页面超过三屏。如果需要在同一页面显示超过三屏的内容,那么最好能在网页顶部加上页面内部链接,以方便访问者浏览。

(四)设计并制作网站页面

网页设计一定要按照先大后小、先简单后复杂的次序来进行制作。所谓"先大后小",就是说在制作网页时,先把大的结构设计好,然后再逐步完善小的结构设计。所谓先简单后复杂,就是先设计出简单的内容,然后再设计复杂的内容,以便出现问题时好修改。

根据站点目标和用户对象去设计网页的版式以及网页内容的安排。通常至少应该对一些主要的页面设计好布局,确定网页的风格。

在制作网页时,要多灵活运用模板和库,这样可以大大提高制作效率。如果很多网页都使用相同的版面设计,就应为这个版面计划并设计一个模板,然后就可以以此模板为基础创建网页。以后如果想要改变所有网页的版面设计,只需简单地改变模板即可。

如果知道某个图片或内容会在站点的许多网页上出现,则可以先设计这个图片或内容,再把它做成库项目。这样,如果今后改变这个库项目,所有使用它的页面上都会相应地进行修改。

(五)收集网页所需的素材

明确了网站的主题以后,就要开始围绕主题收集素材,包括图片、音频、文字、视频、动画等。收集的素材越充分,以后制作网站就越容易。素材的准备既可以从杂志、报纸、光盘、多媒体上得来,也可以自己制作,还可以从网上收集。

(六)域名和空间的申请

1. 域名申请

要想拥有属于自己的网站,首先要拥有域名。域名是Internet上的服务器或网络系统的名字,全世界没有重复的域名。域名的形式是以若干个英文字母和数字组成的,由"."分隔成几部分,如 qianyan001.com 就是域名。

(1)如何申请域名。

域名分为国内域名和国际域名两种。国内域名是由中国互联网络信息中心管理和注册的,网址是 http://www.cnnic.net.cn,

根据《中国互联网络域名管理办法》的规定，CNNIC 在 2002 年 12 月 16 日全面变革域名管理服务模式，即域名注册服务将转由 CNNIC 认证的域名注册服务机构提供。

国际域名与国内域名的管理办法不一样，可以买卖域名。国际域名的主要申请网址是 http：//www .networksolutions . com，国际域名量很大，分布在全球，它们通过电子信箱，即域名管理联系人的信箱来控制。

因为申请国际域名的网站是英文网站，交费需要在线用信用卡支付，所以很多国际域名由国内代理代办，用户只需到代理机构缴纳相应的费用即可。

（2）如何选择域名

按照习惯，一般使用单位的名称或商标作为域名。域名的字母组成要便于记忆，能够给人留下较深的印象。如果有多个很有价值的商标，最好都进行注册保护。也可以选择产品或行业类型作为域名，如果是网络公司，" net.com" 将是很好的选择。

2. 空间申请

注册域名之后，下一步就是为网站申请空间，即主机。这台主机必须是一台功能相当于服务器级的计算机，并且要用专线或其他形式 24 小时与互联网相连。这台网络服务器除存放公司的网页，为浏览者提供浏览服务之外，同时充当"电子邮局"的角色。用户还可以在服务器上添加各种各样的网络服务功能。

有以下两种常见的主机类型：

（1）主机托管

将购置的网络服务器托管于网络服务机构，每年支付一定的费用。要架设一台最基本的服务器，在购置成本上，可能已需要数万元，而在配套软件的购置上更要花费一笔相当高的费用。另外，还需要聘请技术人员负责网站建设及维护。如果是中小企业网站，则不必采用这种方式。

（2）虚拟主机

使用虚拟主机不仅可以节省购买相关软硬件设施的费用,企业也无须招聘或培训更多的专业人员,因而其成本也较主机托管低得多。然而,虚拟主机只适合于小型、结构较简单的网站,对于大型网站来说,还是应该采用主机托管的形式,否则在网站管理上会十分麻烦。

通常提供的虚拟主机的规格为 100 ~ 600 MB,对于普通客户来说,100 ~ 150 MB 的空间已经足够,而且可以随时申请增加空间。如果每个网页为 20 ~ 50 KB,则 1 MB 空间可以存放 20 ~ 50 页,如果使用的图像比较多,则使用的空间将更多,因为通常一个图像的大小都在 10 KB 以上,如果网站要使用数据库,则随着数据库内容的丰富,网站所占的空间也就随之增加。由于目前空间的租用费用并不高,所以一般建议使用 100 MB 或 150 MB 的空间,有备无患。

在租用虚拟主机之前,通常最重要的权限有两个:一个是 CGI 权限,是网站可以运行 CGI 程序的保证,许多程序如 BBS、留言簿等均是用 Perl 编写的 CGI 程序,只有具备这个权限才能运行这些程序;另一个是支持数据库,也许网站当前并不使用数据库,但随着网站的发展,使用数据库是必然的,最好租用的空间能够支持数据库,以免今后使用数据库时产生不必要的麻烦。

第三节　人机交互动画设计

在界面设计范畴中,我们不仅要讨论界面的整体风格、色彩搭配、文字排版、图形处理等二维、三维的视觉元素,也必须考虑时间、空间及用户各类感官系统的集合转化因素,达到情感与思维意识的多因素演变。

为界面添置人机交互动画是现今让界面"活"起来的普遍运用手段。人机交互动画在界面中的安排不仅能让用户在操作界面时感受新科技带来的"趣味无穷",还能更有效地引导用户观察和发现界面的主体信息要素。

一、人机交互动画设计原理

精致的动画遍及操作界面的各个角落,可以让用户的操作体验更加丰富多元化。优秀的人机交互动画不仅能为用户提供一个美观的视觉享受,同时也能在轻松的状态下为用户提供无缝的信息传递,使繁杂的信息可视化地呈现在用户眼前。

这里主要对人机交互动画的艺术特征、要求、分类、恰当的支持手势、良好的互动效果及如何降低对用户行为的干扰等几方面进行相关阐述。

(一)人机交互动画的艺术特征

人机交互动画不同于普通的动画,它具有自己独特的艺术魅力。通常来说,动画片的主要目的是"讲故事",而交互动画更多关注如何用动画这一艺术形式将"人"与"机器"交融在一起,是两者之间的润滑剂。也就是说,交互动画更多地关注如何给人流畅、无缝、轻松的体验。

基于以上特点,交互动画的脚本设计,既具有动画脚本设计的共性,同时也具有自己的独特特征,主要表现在以下几个方面。

(1)人机交互动画脚本设计中,不使用动画式的长篇大论的讲故事的方式,而使用节奏鲜明、轻松活泼的短篇式的小情节,这使用户在放松、愉悦的气氛中感受交互体验,淡化用户等待载入时间的焦躁感。

(2)动画多使用电影艺术方式的镜头语言来表达,而在人机交互动画中,绝大部分情况下,避免使用镜头切换的方式来表达。过多的镜头切换,会破坏流畅的表达、给用户带来顿挫感,不利于交互的实现。

(3)在设计中,人机交互动画要避免使用复杂的背景或场景,并尽量避免场景切换带来的视觉突变。所以,人机交互动画多使用简单、纯粹的背景或场景,这样既突出主题,也能使用户在流畅无缝的环境里体验。

(二)人机交互动画的要求

人机交互动画这一艺术形式,并不是交互的主体,应当尽量让用户"忽略"这一部分的存在。这一形式根本的目的是提高用户的体验度,降低因设备、技术等原因带给用户的体验干扰。所以,这一动画形式简洁、精练、流畅,且节奏分明。

人机交互动画多使用抽象的图形语言来表达,通常不会使用过于"具象"的形象,以使用户感受简洁之美。良好的交互动画可以提高用户对直接操作的感知,并帮助用户对操作得到可视化的结果。特别要注意的是,好的交互动画不能打乱交互的使用流程,降低交互的流畅性及性能,更加不能让用户从当前的操作中分心。因此,在设计人机交互动画的同时,我们必须要注意以下几点:

(1)添加动画时需谨慎,尤其是在那些不能提供沉浸式用户体验的应用界面中。如果界面中主要关注一些严肃的任务或者生产性任务,那么动画就显得多余了,还会无端打乱应用程序的使用流程,降低应用的性能,让用户从当前的任务中分心。

(2)开发者的自定义动画应该适当符合内置系统应用的动画。用户趋向于把视图之间的平滑转换,将对设备方向改变的流畅响应和基于物理力学的滚动效果看作是整个系统操作体验的一部分。

(3)使用风格类型一致的动画。使用风格类型一致的动画非常重要,可以让用户构建基于应用获得的用户体验。

大多数情况下,恰当的做法是让自定义动画更具现实性。用户乐意于接受自由的艺术创作,但当动画违背物理定律和自然法则的时候,他们会感觉到非常迷惑。

（三）人机交互动画的分类

在人机交互动画的范畴中,交互性是以用户操作鼠标或屏幕为前提的,因此,人机交互动画是界面功能性与艺术性的结合体现,其表现形式也多种多样。我们大致可以把人机交互动画分为热区交互动画、热键交互动画、导航交互动画三大类。

1. 热区交互动画

热区是在界面中可通过鼠标或手指触发点击的区域,用户在这一范围内操作会触发一系列指定事件。热区在不触发时所显现的是常规状态;当用户使用鼠标或手指进入到这一区域时,热区的常规状态转化为经过状态;当用户单击或拖动热区时,热区由经过状态转化为单击状态;当用户双击热区时,热区才被真正激活并执行事件。如果想要在热区的交互节奏感上做得更为精致,就必须要明确触发事件的主体动作,在触发事件的重要部分安排较精彩的动画内容,而在其他部分放置简单的形式表现。

如图 6-7 所示,这是一款由上海扬讯计算机科技股份有限公司研发的天气 App 应用,在天气的标准界面中,该设计在界面中规划了大面积的热区。在热区范围内,用户可以自由拖拉移动界面中的天气动画元素,使操作时画面有趣而生动,从而提高用户使用这款应用的黏合度。

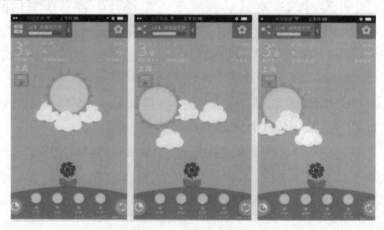

图 6-7 天气 App 应用

2.热键交互动画

热键交互动画也称为按钮交互动画。在界面交互设计中,它是在界面交互动画中最常见的一类形式,是可以与热区交互动画搭配使用的交互手段,常用于实现界面的跳转、命令的控制、下载、超链接功能,甚至有一些可以承担更为复杂的脚本交互。在用户还未进行经过、点击的操作时,热键按钮已经开始显示部分的动态效果以求吸引用户的注意力,进行视线引导,告知用户点击此处。

3.菜单导航类交互动画

导航交互动画是网页界面设计及应用程序界面设计必备的一类动态显示内容。大多同时包含热键交互动画和热区交互动画的功能。它利于整合界面中庞大的内容信息,归类整合,为用户提供一个简单清晰的操作思路,便于用户有效找到目标信息。这类导航交互动画要求简单清晰,避免过长、过于复杂。例如,在Windows7操作系统中,桌面导航的弹出效果及鼠标经过热键的简单动画。

(四)恰当的支持手势

人机交互形式可以是多样的。随着技术的不断进步,根据载体的不同,我们可以通过手指、眼球、热能感应等形式进行人机交互。而交互动画会根据形式和载体的性质而有所区别。现代数字界面交互应用多为利用手指与载体实现人机交互,而在这样的操作方式下由视觉去捕捉相应的信息点,便是视觉与触觉的协作。

为界面操作设置恰当的支持手势是设计良好的人机动画的重要组成部分。多种交互手势支持,能够为界面操作带来丰富的用户体验,使界面操作起来更为趣味、便捷,富有变化。当然,手势过多,或与视觉配合不当,势必造成用户操作界面混乱,甚至引起视野边缘信息获取障碍。因此,在界面中设置多少个手势及如何让手指操作不影响视觉的信息获取是交互动画脚本设计中首先要考虑的问题。

至 2013 年 7 月,据中国美术学院上海设计学院交互研究室针对现有的多点触屏技术条件下手势操控方式进行统计和研究(图 6-8),市面上手持移动设备中的交互手势多达 37 类,共 68 种,而其中只有 55.8% 的操作不会引起视觉障碍。

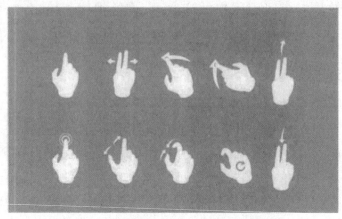

图 6-8   现在移动设备中主要的手势图[①]

2012 年苹果推出的 iOS7 系统,集成了单指、双指、三指的点击、双击、伸缩、拖曳、滑动、长按等 12 种交互手势支持,为用户提供了良好的用户操作体验。同样是苹果在 2010 年推出的阅读 App,利用手指滑动和书页翻动动画,模拟真实的阅读翻书效果,拉近了用户与电子操作界面的距离,满足了使用者的情感诉求。

如图 6-9 所示,这款翻页设计概念同样取材于现实生活中翻书的动态效果,在动画设计中更是结合了生活中翻阅纸张时本身能够体现的质感结构进行设计,使设计成果更贴近用户生活。

---

① 　图片来源:范凯熹.信息交互设计[M].青岛:中国海洋大学出版社,2014.

图6-9　阅读器翻页设计

（五）良好的互动效果

所谓良好的互动效果,就是在互动过程中界面能够为用户提供动画搭配其他感官体验进行综合性的互动体验,增强交互时的沉浸感。

例如,界面内的锚点链接跳转,包括向下滚屏浏览内容或是返回页面顶部。在通常情况下,锚点跳转没有任何动画过渡效果,页面只是很生硬的移动、跳转到指定的位置。用户在与界面互动过程中会感到突兀、没有衔接。现如今,我们可以在越来越多的网站中看到具有平滑滚动效果的跳转,有些还会在页面到达目标位置后将特定的内容进行高亮显示。这种改变使得整个交互方式更加符合用户视觉和心理诉求,并且可以很清晰地将信息结果无缝地呈现给用户。

随着数字时代的发展,良好的互动效果不仅在软件上体现,也为硬件提供了更高的要求。我们的显示器是组成界面的一部分,早年的显示器大多都是乳白色外框,而近年来越来越多的显示器厂商把他们所生产的显示器外框做成黑色,这样有利于更好地展示并呈现界面效果。特别是用户在操作网络游戏时,这类带有黑色外框的显示器更能增加游戏时的沉浸感。

（六）降低对用户行为的干扰

良好的互动效果可以让用户忽略外界干扰。

第一，提供可关闭的按钮。部分交互动画效果做得过长，所要传递的信息和内容过多，但在播放的过程中用户又无法停止，这就需要考虑到用户的观影情绪及适用环境。当用户无意愿继续观赏或用户所处环境不允许大声播放时，那么我们的界面设计中就应该考虑为用户提供可关闭或调制音量的按钮。

第二，合理利用交互动画。动画本身就是一种良好的视觉互动表现。例如，启动界面待机时，利用动画淡化用户对等待载入时间的概念（图6-10）。但是我们需要理智安排和使用交互动画的时间及呈现方式，避免交互动画对用户的干扰，如过长的热键动画会打断用户的操作思路。图6-10这款趣味性的下载动画，利用其丰富的色彩变幻及不同的点发散、旋转等简易的动画效果转移了用户在等待界面下载时的焦躁情绪，淡化了时间的概念。

图6-10　趣味性的下载动画

二、人机交互动画的设计方法

在对人机交互动画的概念有所了解之后，我们需要真正着手于设计，不仅需要对交互动画的脚本进行设定和绘制，还需要对动画技术实现进行相关的测评，并为其实现进行不断的测试与调整，实现人机动画的迭代设计。

（一）脚本的设计

人机交互动画的设计首先需要拟定一个合适的脚本，包含了动画的基本呈现方式与顺序。例如，下方的 HBO 低保真动态界面的效果设定,在手绘脚本中信封的出现方式被设定为从左下角开始以抛物线的方式呈现,包括在交互动画的播放过程中,设计者也设定了界面内容的变化(图6-11)。

(二)动画的技术实现

人机交互可分为两个阶段:人与计算机的交互以及更深层次虚拟环境下的交互。人与计算机的交互是用户给出命令,计算机反馈出结果。而虚拟环境下的交互则复杂得多,这是一种"拟物化"并最大程度模拟自然的人机交互。这种交互多使用可视头盔等传感设备。人机交互动画多使用Flash等平面矢量动画软件实现,涉及三维的方面多由三维动画软件实现。

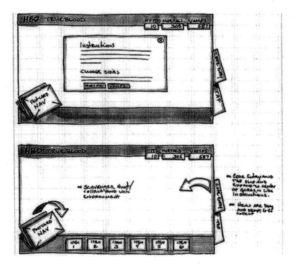

图6-11　脚本设计

(三)测试与调整

在经过脚本设定后,我们需要对所设计的人机动画进行可用性测试,针对将要实现的动画效果制作高保真的序列帧预览。这一步骤也可通过Photoshop或Flash软件进行简单的动画测试,并为其导出动态GIF格式的预览图片。如图6-12所示为中国美术学院上海设计学院交互研究室与上海乐蛙科技合作的解锁界面动画设计中解锁前、中、后的设计关键帧。

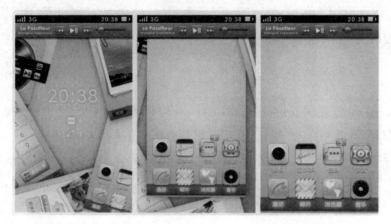

图 6-12　解锁界面解锁前、中、后的设计关键帧

三、音画互动设计

音画互动是一种声音与画面结合研究和设计的过程。在该过程中,声音被看作协助界面传递信息、含义及交互内容的重要渠道之一。音画交互设计是声音和界面交互设计和处理的交叉范畴。如果将交互设计看作是人们通过计算的手段打交道的对象,那么在语音交互设计中,声音既可以作为过程的展示,也可以作为输入的中介,来达到调节交互的目的。

(一)人机设备中的声音分类

声音是由物体振动产生的。振动的物体被称为声源。由物体振动而产生的声波传递到达人耳内,而后通过耳道到达鼓膜并引发其共振,再经由与鼓膜相连的听小骨传到内耳,刺激我们大脑皮层的听觉中枢,从而形成听觉。声音是人类认识世界的重要手段,它既有别于视觉获取信息的方式,又可以配合视觉认知。

人机界面是人与机器之间进行双向信息交流的中间媒介,而声音是机器向用户传达信息、提供反馈的重要手段。人则可以通过自身的听觉通道对声音信号进行捕获、认知和处理,从而完成这一双向沟通。声音是人机交互设备中仅次于画面的重要信息表达手段,它常以搭配界面交互动画传递界面中的信息内容。

声音分为语音及非语音两类。前者是人类漫长的进化产物。语音是语言的物化,就其本质而言属于概念符号的范畴,即语音所携带的信息本质既有形象的也有抽象的。2012 年,美国苹果公司所研发的 Siri 技术就是一种可以使用人类自然语言与界面进行人机智能对话的语言识别软件。

非语音,即声音主要集中于形象的听觉信息表达方面,分为背景音和音效指令两类。背景音,指在人机设备中如动画、电子游戏、网站中用于调节环境气氛的一类音乐元素,它的存在有利于缓和用户操作时易出现的焦躁情绪。音效指令指为增进场面的真实感、气氛或讯息,而加于背景声带上的杂音或其他声音,在某种情况下还能为操作者提供暗示与反馈的声效。两者都能够增加用户在系统操作时的沉浸感。

(二)音效的种类与作用

音效又称为"指令音",它作为界面交互设计多通道感知中听觉通道的重要元素,往往发挥着十分重要乃至无法替代的作用。可分为以下几类:

1. 反馈类

这类声效多出现在操作后,系统回馈给用户的提示音。例如,我们插入 U 盘时,电脑所反馈的"叮咚"声;清空垃圾箱时系统所自带的纸张粉碎声。这都是为了提示用户:您的操作已经生效。因此,反馈类音效往往能够增加用户对操作行为的安全感,使操作更具有明确性。

2. 警告类

这类音效多出现在用户错误操作、危险操作或系统出现危险、错误等情况下,给用户一种警示、提醒。例如,著名杀毒软件卡巴斯基中出现病毒时的"杀猪音"。

3. 提示引导类

这类声音是在人机交互中运用最广泛的一种方式,在操作系统、邮件、游戏等软件中均设有不同功能的信息提示声。如为大家熟知的 MSN、QQ、微信等聊天软件的"嘀嘀"声、"叮咚"声、微信发送信息时的"呼"声、Windows 中的系统提示音等。在界面中,先于操作出现的音效,我们称为"引导音",这类音效往往伴随图形的动态效果同时或间歇呈现,用于提示用户下一步操作或引导视觉捕捉信息。

4. 增加体验类

这类音效用于增加虚拟环境中的真实体验和沉浸感。例如,我们用手机按键输入信息时,系统会模拟敲击键盘的"咔"声,玩网络游戏时所伴随的风声、雨声、兵器摩擦声等,使虚拟环境更加真实,贴近生活。此外,我们还发现音效也具备视觉辅助和心理作用,假如能合理地对音效进行编排,便能够提高用户在操作中的准确性,从而大大地提高了阅读效率。

(三)音频的长短

不同长度的音频有着不同的感染力与作用。有些简短有力、清楚明了;有些持续时间较长,气氛浓烈。我们大致把界面中的声音分为三类:短音频、中长音频、长音频。

1 秒左右,一般不超过 3 秒的音频我们称之为短音频。在系统界面中较为多见,常用于信息反馈、提示、警告等作用。这类音频虽然出现时间短暂,但是能够和其他环境类音效重叠复合成数字虚拟环境,使人有身临其境的感受。如果是在游戏界面中,这种复合音效能够让操作者产生紧张、亢奋的精神状态,从心理上营造沉浸的竞技状态。

3 秒至 5 秒的音频是中长音频,例如,界面之间的转场,

Windows 的界面开机、关机音效,用于系统的重要提示或伴随热区动画出现。

长音频相对前两者来说播放时间较长甚至是循环播放,一般以背景音乐的方式呈现。根据不同的作用和体现在不同性质界面中,长音频能够烘托主题气氛,特别是在网络游戏界面中,合适的背景音乐能够减轻长时间操作所带来的疲劳乏味,从而使用户产生积极的互动情绪。现代网络购物界面也常设置背景音乐来营造轻松的气氛,增进用户的购买欲望。

（四）声音的处理软件

在界面中放置音频,就需要将声音文件进行编辑,如混音、录制、音量增益、截取、节奏的快慢调节、声音的淡入淡出处理。对于大多非音乐专业人士来说,这可能是一件麻烦的事情,但是在数字时代的今天,运用简单的声音处理软件就不难做到。声音处理软件的主要功能,在于实现音频的二次编辑,达到改变音乐风格、多音频混合编辑的目的。

在声音的处理中,我们会运用多种音效软件进行编辑,其中Cubase 是一款非常专业的数字音乐编辑软件。Cubase 软件被专业音乐人形容为音频"绘画"。我们可以使用它来"绘"制音调或歌曲的一部分。它可以生成的声音有:噪音、低音、静音、电话信号等。

1. 编辑

编辑即调整音量、音色,并为其减噪。它还提供有多种特效为作品增色:放大、压缩、扩展、回声、失真、延迟等。用户也可以同时处理多个文件,轻松地在几个文件中进行剪切、粘贴、合并、重叠声音操作。

（1）混音。声音处理软件中的混音功能是将背景音乐、音效等多种音源混合的处理过程。

（2）降噪。降噪是运用数字音效设备智能消除在音轨中除主旋律外出现的杂声,我们称之为降噪功能。在录制自然声音时,音轨中自然含有主音之外的杂声,如空气、说话等我们不需要的声音,虽然不仔细聆听很难发现,但是这些杂音的存在会大大影响我们的听觉舒适度,因此我们选择尽量剔除这些不需要的元素。

(3)音量。声音处理软件中针对音量的编辑又称为对声音响度、音强的编辑,其主要是指人耳对声音大小与强弱的主观感受。为使在音画互动过程中声音的出现自然,我们会对音效和背景音乐做渐入渐出的数字处理。

2. 格式

使用声音编辑软件,可以在 AIF、AU、MP3、RAW PCM、SAM、VOC、VOX、WAV 等文件格式之间进行转换,为我们的交互界面提供多种压缩清晰的音频文件。

(五)声音设计方法

数字界面设计中,声音的设计有其独特的使用条件。根据其独特应用的规律性我们可以根据自然音和乐声来归纳和构造数字界面音效。

1. 听标设计

我们把从自然界中获取的声音应用到数字界面中的设计方法称为听标设计法。例如,清理桌面垃圾桶中的文件时的碎纸声,QQ 好友上线时的敲门声,都是使用人们于日常生活交互中所产生的声音,使用这些声音映射到需要提供反馈的相应操作和事件上去。这种方式能够很好地利用人们已有的认知帮助识别界面,明显降低视觉负荷,提高效率。用户不需要再学习,容易记忆。

例如,在淘宝双色球随机选球购买的程序设计中,为了提供用户操作成功的正反馈,界面结合了听标设计,在伴随用户摇动手机系统会播放小球滚动的声音(图 6-13)。

图6-13　淘宝双色球球移动应用听标设计

　　当音效和视觉信息结合时,听标设计可以利用它们所对应的视觉图标进行对应设计。但听标设计法也有它的弊端。我们知道,并不是每个事件、按钮都能在自然界中找到其所对应的声音属性,而且也并不是每个自然界中的声音放入数字界面都是合适的。由于使用者听声是听取事件和事物,并不是听音色音调,它若是与背景或其他音效同时出现很有可能就适得其反,成了噪音。

　　2.耳标设计

　　使用乐声对应的数字界面的设计方法称为耳标设计法。简单来说,耳标就是图标的对应物,它是利用简单的单音节、音调来构成单元的耳标元素。由于单个耳标简单,意义单纯,便于用户记忆,利用音色、音阶、节奏、和声等特性可以设计组成各种较为复杂的音频结构,来配合不同区组的界面。可以说,任何界面区块和事件都可以用一套耳标来设计完成。例如,手机的拨号界面,每个数字对应的音效在音色形式统一的条件下都做了不同音阶的变化。

3.音效与信息抽象映射

采用声音的频率、声调和时间维度等来做界面信息代码时,了解声效与信息映射之前的关系就显得尤为重要。例如,声音的高音和低音让人联想到上和下,声音的高频率与低频率让人联想到快和慢。这类设计也要考虑到信息抽象映射。例如,警报声标示危险,鼓掌和欢呼声标示鼓励嘉奖。

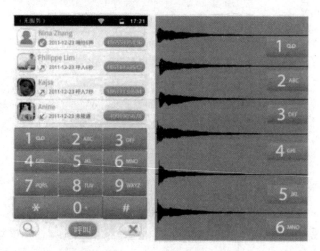

图 6-14　手机按键音设计

在实际的界面设计中,听标和耳标不会相互排斥,每种都有它自身的优缺点。为考虑到用户需求和使用感受,我们应当结合三者共同设计,把这三种设计方式并行到一个丰富的媒介中来帮助信息的有效传达。

(六)可用性测试

任何设计都是以人为中心的,所以界面交互方式及交互手段的确定都是要符合可用性的标准。不单在视觉设计方面,在声音设计完成后我们也要对其进行相关的可用性测试。

1.环境的可用性测试

听觉不同于视觉,我们可以选择不看或闭眼,我们不可能关闭自己的耳朵。数字时代,我们可以不受限制地在任何场合使用数字界面进行目的性操作,但是有些场合是不适合打开声音或提高音量的。因此,针对这一条件我们应当给我们的界面情景模拟和调节音量的相关测试。

2.硬件条件测试

数字设备中,配备相关的硬件设施是进行声音测试的必要条件,如声卡、耳机、音响等。

3.音画时长配合测试

声音特别是提示反馈类音效设计,往往需要搭配动画的长度与节奏进行调整测试。例如,iPhone中信息输入时按键的反馈音长为0.51秒。

4.易于记忆

测试界面中的声音是否有利于用户记忆,也是在设计中需要反复测试、迭代设计的,例如:阿里旺旺收取信息时的"叮咚"声,QQ陌生人请求加好友时的咳嗽声,辨识度高,都有利于用户记忆。

5.声音审美

在界面设计中,并不是所有的音效拿来就能使用,而是要经过反复测试及处理。例如,QQ好友上线时的敲门声就与生活中我们能够听到的有所不同,它经过了去噪处理,加入了混响与回声,使得这个敲门声更圆润清晰。还有些音效设置了淡入淡出播放,听起来显得不那么突兀。

第四节　交互式包装设计

一、交互式包装的概念

随着社会的发展、人们阅历的增加,仅以图像、文字等形式呈现的简单包装已经不能达到吸引用户、促进消费的目的。在这样的前提下,交互式包装设计渐渐兴起。

交互式包装是集可用性工程、心理学、行为设计、信息技术、材料技术和印刷工艺等于一身的综合性设计学科。与传统的包装设计相比,它最大的不同在于注重用户与包装交互过程中的体验,简单地说就是产品包装不仅要有"功能"上的作用,还要有"体验"或"情感"上的作用。这种交互关系能让用户倾注更多的注意力于包装之上,也就达到了吸引用户的目的。

二、交互式包装设计的作用

(一)凸显品牌个性,提升竞争优势

优秀的包装设计是产品和用户之间沟通的桥梁。就像人的着装风格可以体现其个性一样,包装也可以体现产品品牌的个性。和普通包装相比,交互式包装更加人性化、更加易于在产品品牌和用户之间建立联系,给予用户高档、亲切的感觉,这样才能激发用户深入了解商品的愿望,并将商品信息清晰的传达给用户,进而加强用户对品牌的认同、提升用户对品牌的忠诚度,才会形成强有力的市场竞争力。

图 6-15 所示为 Lavernia & Cienfuegos 设计公司作品。这是为 ZARA KIDS 品牌设计的儿童香水。交互式包装设计充分考虑了儿童的行为、喜好,分别设计出两个卡通角色来区分男孩和

女孩。旋转包装盖就会看到卡通角色的眼睛发生了有趣的变化，这种俏皮的设计非常具有针对性，能为目标客户提供游戏互动体验，从而加强用户对品牌的印象和喜爱度。

图6-15 ZARA KIDS 品牌设计的儿童香水

（二）提高产品包装附加值，实现可持续应用

随着商品经济的发展，包装的使用量日趋增大。有关资料统计显示，包装废弃物在城市污染中占有较大比重。而包装的可持续再利用可以有效减少包装废弃物对环境的污染。包装的可持续再利用是指在进行包装设计之初对包装的基本功能以外的延伸功能的设计，需要设计师展开设计思维，从环境保护的角度出发考虑包装的延伸用途。比如，可以作为笔筒使用的酒盒包装，可以作为栽培容器的包装盒等。

（三）防伪功能增加可信度，保护用户利益

交互式包装所采用的新技术、新工艺、新材料使其具备了防伪的作用，而且比普通包装更加复杂和难以复制。例如，从包装容器本身的结构设计入手，利用难以复制的结构设计使其成为不能重复使用的破坏型包装；还有利用科技手段在包装中植入芯片，用户可以使用智能手机中安装的相关应用软件来进行识别，确认产品的真伪。交互式包装的这种防伪功能既能保护生产商和用户的利益，又能增强用户对产品的信任度和安全感。

（四）满足用户的心理需求，提升用户满意度

人们在度过了对产品量和质的需求时期之后，对产品又有了情感的体验诉求。这种转变使包装既属于实用科学的范畴，又属于美学和心理学范畴。交互式包装设计的趣味性和互动性可以很好地解决这个问题。设计师需要了解用户的心理需求，通过富有情趣的交互式包装方式，激发用户积极的响应包装的互动体验，从而做出对产品的肯定态度和购买倾向。

图 6-16 所示为 Grantipo 设计公司作品。设计师希望通过这个包装能让用户表达出他们内心的感受和愿望。酒瓶采用了类似黑板的材料，包装中还附带了粉笔棒，用户可以在标签上或写或画，用插图或文字的形式来表达他们心中所想，如果用户对描绘的内容有所迟疑，只要用毛巾轻轻一擦就可以清除或改变画面内容。这种交互式包装设计让用户完全参与到包装设计表现中，不光可以表达自己的感受，还可以创造出独一无二的个性化包装。

图 6-16　Grantipo 设计公司作品——酒瓶设计 [①]

---

① 彭冲.交互式包装设计 [M].沈阳：辽宁科学技术出版社，2018.

三、交互式包装设计的原则

(一)可用性

包装也是构成产品质量的一个环节,合格的包装设计的前提必须是可用的。可用性是交互式包装设计的最基本要求,也是最低要求。不能用、不可用的包装最终会被替代、淘汰。例如,早期的饮料大都是用玻璃瓶灌装的,但是由于玻璃质量大、易碎的特点,非常不利于运输和销售,所以才有了塑料包装的大量应用。

图6-17所示为Brand Brothers设计公司作品。这是为植物肥料所设计的包装,除了相关产品信息,包装上还印有切割标记、刻度尺和园丁日历。肥料用完后用户可以按照需要切割,使其作为培养植物的容器,并用园丁日历记录种植信息。这样的设计使包装有了第二次生命,具有较高的可用性。

图6-17　Brand Brothers设计公司作品——肥料包装

(二)易用性

交互式包装设计的易用性原则体现在包装的实用性和便利性上。设计师需要从用户的角度考虑,参考用户心理需求、生理习惯、人机工程学等因素设计出符合用户使用习惯的包装设计。易用性是更高一层次的设计原则,对提升用户的产品认可度具有重要作用。

图 6-18 所示为 Backbone 品牌设计公司作品。从整体上看,这是由一个大盒子包装的一大束花,拿掉盒盖,你会发现整个包装由 6 个小盒子组成。用户可以随意的摆放这些花形成不同的组合造型,营造别样的美丽心情。

6-18 Backbone 品牌设计公司作品——鲜花包装

(三)宜人性

交互式包装设计的宜人性原则强调的是"以人为本"的设计思想,是交互式包装设计最高层次的设计原则。优秀的交互式包装设计应该从用户的情感需求入手,将情感融入包装之中,通过为用户和产品之间建立良好的情感交流来满足用户的精神需求,使用户产生共鸣。

图 6-19 所示为一组奶昔包装设计,杯盖和杯身都是塑料材质,杯身外部套了一层纸质包装。设计师在这层包装上绘制了 9 个表情各不相同的可爱角色,而且角色的耳朵是可以撕开形成立体形象的,更增加了杯子角色的可爱度,让用户获得额外的愉悦体验。

图 6-19　奶昔包装设计

　　随着外卖市场的兴起,年轻的白领群体逐渐成为市场的主力消费人群。所以针对筷子的包装,设计师创作了一组餐厅服务人员的形象(图 6-20),将筷子包装袋的局部做了透明工艺,透明部分直接用筷子造型的一部分与人物形象结合,整体包装虚实结合,和同类产品相比有明显的差异。肆合壹筷子包装将主体图形人物与实物产品筷子虚实结合,使产品本身同包装设计图形产生互动,创意直接独特。

图 6-20　肆合壹筷子包装设计

　　意大利面是广受大众喜爱的美食,设计师根据意面形态设计了不同的包装尺寸。同时,设计师又绘制了几个简单的女性肖像形象,通过透明的塑料材质,创造性地将意面的线条和形状与女性的发式完美结合在一起。这样用户就可以清楚地看到内部食材,从而选择自己需要的产品。这种设计简单可行又不乏味,既方便用户选择,又令用户产生愉悦的联想,而且还便于生产(图6-21)。

图6-21 意大利面包装设计

四、交互式包装"交互关系"的构建

交互关系的建立是通过包装中的体验设计是来实现的。设计师可以参考产品的特征、用途,用户使用产品的行为、情景为出发点,设计出能够引发用户情感共鸣,塑造独特感官体验的交互式包装设计。较为常见的交互关系构建方法有感官刺激、开启方式、情景交融等。

(一)感官刺激

亚里士多德将人体的感官分为5种,即视觉、触觉、听觉、嗅觉和味觉。设计师可以从这些感官刺激入手,将产品的信息传达给用户。比如,带有果味香气的食品就是利用嗅觉刺激让用户非常便利的分辨所选商品的口味;带有凹凸质感的盲文酒标就是利用触觉刺激让用户了解商品信息。

图 6-22 所示为亚达桑德·罗金涅夫斯卡亚作品。这是一组抗宿醉药物包装设计。人们在宿醉之后经常出现头疼、晕眩、视觉扭曲的症状,设计师正是以"视觉扭曲"为设计的切入点,通过颜色、瓶子的象形图与宿醉时视觉扭曲的程度来表现药效强度。用户可以根据包装画面呈现的宿醉程度来选择适合自己的用量,既直观又简单。

图 6-22　抗宿醉药物包装设计

(二)开启方式

包装是商品的外衣,开启包装是用户在取得感官印象后的下一步动作。开启方式的交互设计可以从开启前、开启中、开启后三个阶段进行设计。开启前要对开启部位进行设计,保证开启装置美观、易用且显眼,让用户可以轻易找到开关并打开包装。开启中就是用户打开包装的过程,这个展开的过程要以方便用户为出发点,体现出对人的关怀。开启后要让用户对产品产生后续的思考,情感上的互动。优秀的包装开启方式的设置,能够体现设计师的专业水平,提高产品的档次,提升产品在市场上的竞争力。

图 6-23 所示为深圳市潘虎包装设计有限公司设计作品——褚橙包装箱设计。该包装箱结构设计独特,只要轻轻向外抽拉,橙子就会自动升起。方便了橙子的取出又兼具了展示的功能。

图 6-23　褚橙包装设计

（三）情景交融

当今社会对包装的需求已不仅仅局限于使用功能一项，用户更希望能在包装中得到情感的满足和享受，所以交互式包装设计要注重以情感为依托，融合环境、场景等因素，赋予包装更高的情感价值，使其具有实用艺术和情感互动的双重作用。

图 6-24 所示为 Backbone 品牌设计公司作品。这是针对坚果和干果所设计的包装，设计师由动物将坚果储存在树洞中以便过冬这一行为获得设计灵感，将包装盒设计成树洞的样子，超高的手绘技巧使其看起来就像一截真正的树干，树洞的部分使用的是透明塑料，这样就可以直观地看到树洞中的坚果。这样的包装设计是不是妙趣横生？

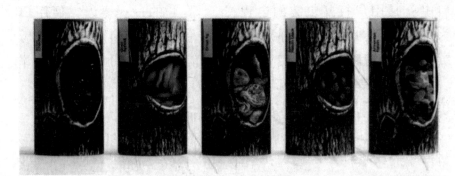

图 6-24　Backbone 品牌设计公司作品——坚果、干果包装

五、交互式包装的设计要素

(一)行为因素

包装以人为本,交互式包装设计中的行为因素是指任何与该包装有关系的行为,追根溯源也就是人的行为。考虑用户在使用产品中可能发生的行为,并以此使用户与产品包装之间建立互动联系,这是需要设计师首要考虑的因素。

图 6-25 所示为深圳品赞设计机构作品。这款红酒的包装设计灵感来源于日本的忍者文化。标签分为内外两层,外层的黑色标签就是忍者的面罩。为了增强设计的趣味性和满足用户的好奇心,外层的面罩被设计成可以移动取下的形式。当用户慢慢褪下外层的面罩包装时,就会露出美丽忍者的羞红面庞,这是因为她喝了酒。这种交互式设计会让用户产生精神上的愉悦和情感上的满足,从而选择产品促进销售。

又如,图 6-26 所示为 Backbone 品牌设计公司作品。考虑到饮料会伴随用户的饮用行为而减少,设计师做出了一个简单而动态的包装设计。开始饮用前,红色的饮料和透明的包装结合在一起,呈现一个丰满的石榴形象。随着果汁越来越少,石榴的果粒也越来越少,直到最终饮料被喝光。这个设计虽然很简单,但是极富趣味性。

图 6-25　深圳品赞设计机构作品——红酒包装设计

图 6-26　Backbone 品牌设计公司作品——饮料包装

（二）人文因素

每个国家、地区有着不同的风土人情。人文内涵赋予了产品更深刻的艺术价值,也赋予产品独特的个性化包装。对设计师来说,这不光是一个包装设计任务,也是一种对文化的传承和输出。寻找包装设计和人文内涵的契合点,开发更深层次的精神内容,才能更好地打动目标用户,获得用户的青睐。这也是体现设计师艺术设计水平的一个重要因素。

例如,图 6-27 所示为西安高鹏设计作品。枣夹核桃是中国的新晋网红产品,设计灵感来源于品牌的谐音式命名"早嫁何涛"。设计师将产品拟人化为新郎和新娘的形象,选取中国传统婚礼中的新娘盖头和新郎官帽为设计元素,使产品同包装图形、用户之间产生互动,在迎合年轻消费群体喜好的同时又兼具幽默性,为产品的销售和品牌的传播打下良好基础。

（三）视觉形象

视觉在人类感觉系统中占主导地位,因此,利用视觉形象作为交互式包装设计表现手段很常见。常用的视觉设计元素有文字、色彩、插画和图形等。设计师可以参考内容物的特征来选择能够触动用户的设计元素,将产品信息直观准确地传达给用户。

图 6-27 枣夹核桃包装设计

例如,图 6-28 所示为 BULLET Inc. 设计作品。这是一款清酒的包装,设计师的设计灵感来源于日本有"活宝石"之称的锦鲤。他们将红色图案印在形似锦鲤的白色酒瓶上,把包装盒切割成锦鲤剪影的形状,通过内外两层包装的叠透呈现出生动的锦鲤形象。这个设计利用图形来建立产品与用户之间的共鸣,不仅让产品在销售中脱颖而出,也使其成为装饰家居的艺术品。

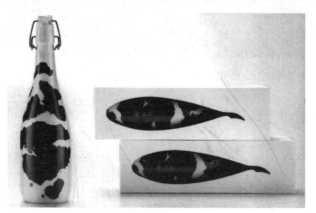

图 6-28 BULLET Inc. 设计作品——清酒包装

(四)结构设计

包装结构设计是一种空间立体设计,除了需要考虑工艺、材料、成本、运输、销售等客观因素外,还要考虑用户生理、心理等主观因素,综合形式美设计法则和设计要求,对包装容器内外部构造进行设计。设计师可以参考现实形态利用点线面的综合变化设计出令人印象深刻的结构造型。

例如,图 6-29 所示为 Backbone 品牌设计公司作品。设计师从被咬的苹果找到了设计灵感,并以其作为饮料包装的视觉特征,也正是这种基于仿生学原理的设计。其一方面方便用户拿取饮料,另一方面也让一个一个独立的包装可以很好地咬合、堆叠在一起,为展示和存储节省空间。在这个设计中,设计师充分考虑了用户的心理活动、使用习惯,利用美学原理提取包装设计的视觉特征,最终呈现出这样一个独特的交互式包装造型。

图 6-29　Backbone 品牌设计公司作品——饮料包装

（五）材料选择

交互式包装是伴随新科技、新材料的诞生与发展而兴起的。不同材质、不同性能的材料会让产品呈现的效果天差地别。设计师应该为产品寻求正确的包装材料,在保证其本身功能性的基础上完成产品与用户的体验互动。例如,利用可食用材料制作的食品包装。用户在享用了食品之后,可以连包装一起吃掉,一方面为用户增加了乐趣,一方面减少了废弃包装对环境造成的污染。现在,越来越多的用户开始关注自身对环境的影响,所以尽可能地选择使用天然材料,可重复使用、可再生、可降解的绿色环保材料能够提升用户对产品的好感度,为产品建立正面积极的品牌形象。

　　例如,图 6-30 所示为 BBDO 广告公司作品。世界大部分地区的蜜蜂都在遭受生存威胁,出于保护蜜蜂的目的,设计师提出了一个可循环的设计理念,使饮品的木质包装盒可以变成一个蜜蜂旅馆。用户可以将生物秸秆剪成数段放入木箱中形成一个个小的蜂巢,再将整个装置安装在阳光充足的地方,这样就可以为蜜蜂提供一个栖息之所。而且所有使用的材料都是自然和可持续的,既保护了蜜蜂又保护了环境。

图 6-30　BBDO 广告公司作品——蜜蜂保护所

第七章 交互设计创新研究及未来发展

现代设计的一个显著发展趋势是,它不再局限于着重对对象的物理设计,而是越来越强调对"非物质"诸如系统组织结构、智能化、界面、氛围、交互活动、信息娱乐服务以及信息艺术的设计,着重对消费者创造潜能的触动和对丰富多彩的生活和工作的体验。在信息社会里,生产、经济和文化的各个层面都发生重大变化,社会从基于制造和生产物质产品的社会转变为基于服务的经济型社会。设计的本质也随着这种转变发生变革。本章将对交互设计创新研究及未来发展展开论述。

第一节 交互设计研究的现状分析

现在的交互随着学科的不断推进,早已超出对于 UI 界面的设计研究,人机交互、人人交互乃至人与环境的交互,都在被不断强调。从人机交互的方式来看,触屏的交互方式已代替按键交互,以绝对优势地位占据了市场份额。现在,我们在生活中已习惯了从一块小屏幕到另一块小屏幕的触屏操作方式。那么未来,我们的改变方向在哪里?可以看到的是,人们逐渐不满足于单纯的手指触碰去操控产品或表达自我情感。麻省理工学院媒体实验室曾与微软研究院联合开发了一款"智能文身",使用"Duoskin",使用者以触碰、滑动的形式操控皮肤上被创建的用户界面,就可以实现操控手机屏幕。

图7-1　MIT Duoskin

由于电子文身很好的柔软性与超薄材质电路,使让它的应用领域扩展速度逐渐加快。当然也得益于交互本身的领域足够宽广,有些行业因为交互设计的发展而得到了全新释义,或产生更高的效率与价值,如医疗领域。

通过电子文身,不仅能探测使用者的心血管活动迹象,同时还可以监测运动、睡眠等各项生命活动数据,并辅以 App 将数据实时可视化,更易于清晰地分辨当前使用者的心脏的健康状况,以起到防范、监测、远程治疗的目的。

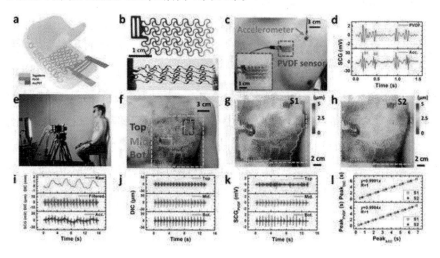

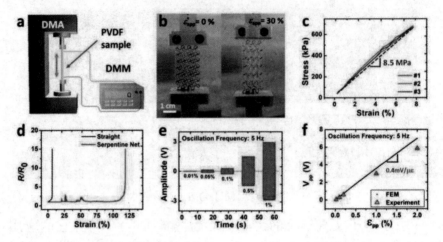

图 7-2　Nanshu Lu 电子文身交互项目

　　在未来一段时期内,交互设计依然会围绕手势交互的方式、触碰位置的变化与材质应用进行探讨,并且手势跟踪依然被认为是最重要的展现形式之一。

　　例如使用眉毛交互,或是眼球追踪交互。这项技术目前更多地被使用在 VR、AR 领域内,比如 VR 眼镜,很多人相信它是提升 VR 眼镜用户体验的关键之一。

　　在更远的未来,交互设计或许会更偏向于"意念"交互,即完全摒弃手势追踪,通过意识、意念来操控设备,操控虚拟或现实的世界。通俗而言就是通过设备,在意念的控制下,我们的大脑怎么想,便会出现相应的行为或是变化。比如,mindflex 通过佩戴脑电波接收设备,用意念控制小球进行游戏的作品,一经推出便轰动全球。如果从医疗领域进行思考,意念交互将拥有更大意义。脑电波是一种在医学上被广泛研究的电信号,通过对脑电波的分析,可以得知人体此时的精神状态甚至意识思维,利用这些分析结果,可以实现对外部设备的简单控制。

图 7-3　mindflex 作品

现在,一些知名高校在意念交互方向上的研究项目也在不断
大胆尝试。如英国皇家艺术学院的 design pathway 专业展示了
这样的一个项目,用一个生长着的机械植物来展现你的思绪、你
的学习状态、你的想法。该项目的价值在于,通过花瓣的开合与
光效等交互形式,来鼓励使用者不断的学习与思考。

图 7-4　机械植物 [①]

意念交互形式的产物不仅仅是一套系统、产品,它既可以从
社会、生活的理性角度出发,也可以从人们的感性认知层面切入。
例如,对该种交互方式的批判性思考,或是在某一具体领域内的
影像实验、沉浸式体验等,都是对新交互方式的研究。

又如,在公共出行安全方面。对于自动驾驶领域而言,2020
年是一个激动人心的全新十年的开端。伴随 5G 时代的到来,为
自动驾驶技术的应用带来了诸多便利,有力助推并达成云与汽车

---

① 皇艺官网

之间的有效沟通。城市发展进程中，未来公共出行也将成为趋势，安全出行始终是被大多数民众所关注的话题。

根据国际汽车工程师学会（SAE International）的分类原则，自动驾驶共分为五级，从 0（无自动化）到 5（完全自动驾驶）。自动驾驶系统可以连续控制加速、制动和转向，以使车辆在车道中央保持设定速度行驶，同时保持与前方车辆选定的跟随距离；同时自动驾驶系统要求驾驶员保持警惕，并准备在系统遇到无法处理的情况时进行干预。也就是说，无论 L2 还是 L3，都会涉及人车交互的部分，人的行为变量决定了该等级的自动驾驶汽车安全性很难把握。另外，IIHS 研究表明，自动驾驶系统越复杂越可靠，驾驶员保持警惕性就越难。随着眼动时间越长越频繁，驾驶员就会越疲劳，驾驶员思绪也更容易涣散。

2020 年 10 月，百度宣布其自动驾驶出租车服务 Apollo Go 正式在北京启动试乘营运，并供给市民尝试体验。地点在亦庄、海淀、顺义等多个区域。百度在这些地方辟设了数十个站点，居民只要在平台预约，就可感受自动驾驶带来的乐趣及体验。体验期间，体验者可以进亦庄开发区 Apollo Go Robotaxi 无人驾驶站点后，先打开 Apollo Go 应用程序，然后在 App 上填写自己个人信息，就可以呼叫车辆。目前北京地区的 Robotaxi 车型均为林肯，车身上贴着醒目的"Apollo"与"自动驾驶测试"标志，车顶上顶着激光雷达等设施。车尾还有自动驾驶，保持安全车距等警示标识。

车辆自动行驶过程中，安全人员并不需驾驶车辆，而是只起辅助作用，作为车辆运行必不可少的一道安全保障。安全人员实时注意车辆及道路的安全，当路面发生事故及车辆故障时，安全人员才会对自动驾驶出租车进行人工接管，以最大程度保障体验乘客的安全，避免意外发生。

车辆自动驾驶中，Apollo 系统可以 360° 无死角的正确识别同向及对向的车辆，收集到数据后以矢量图的形式出现在车里的 Apollo 系统屏幕内，依靠着 Apollo 系统，车辆就能做出正确的判断。

图 7-5　自驾驾驶汽车交互界面

在 Apollo Go Robotaxi 上，我们看到了自动驾驶的革新与面向大众的勇气，但即使 Apollo 配备了 L4 级别的自动驾驶等级及辅助安全人员"两把锁"的保护，[①] 自动驾驶是否已经绝对安全？无人驾驶是否已经指日可待？

一部分人认为，对于目前需要安全员适时进行人工接管的自动驾驶车辆，要真正达到完全无人驾驶还要走一段很长的路。

但百度董事长李彦宏却认为："5 年之内，无人驾驶技术一定会进入规模化的商用阶段"，只是"即使到 2025 年，街上也不可能跑的都是无人车"。无人车确实在被这个时代接受，但是自动驾驶技术的真正普及，不光是需要技术手段的革新，也需要真正地被人们信赖及接纳。

综上所述，随着近几年自动驾驶技术逐渐引入到传统汽车行业中，我们可以看到一种人机交互趋势，即减少了驾驶活动对用户中心注意力的要求，同时提高了非驾驶活动对用户中心注意力的分配，这将为更多的非驾驶活动相关的服务交互设计创造更多机会。因此，汽车的交互设计正随着自动驾驶的来临而发生根本

---

① 一辆 L4 级别自动驾驶功能的出租车的乘坐乐趣及体验要远超过乘坐一辆普通出租车，也远超过乘坐一辆有 L2 级别自动驾驶功能的私家车。

性变化。人与智能系统的交互不仅要考虑到在座舱内的用户,还将重点考虑他们在进入及离开该移动空间的体验、如何与周围车和行人进行互动等,那么交互设计的主体将从传统的主要用户如驾驶员和乘坐人员拓展转变为车内的用户、社会化道路上周围的行人以及周围车辆中的人。这也就增加了更多的交互设计类型,例如车与车内用户的交互、车与车外的行人的交互以及车与周围车辆的用户的交互。

未来将以基于旅程相关的产品服务系统设计复杂的可持续性的汽车行业设计生态,我们采用产品服务系统(PSS)设计思路,推演出一种基于用户注意力—活动维度伴随自动驾驶技术升级而产生的变迁及其对应的设计考量因素(图 7-6)。

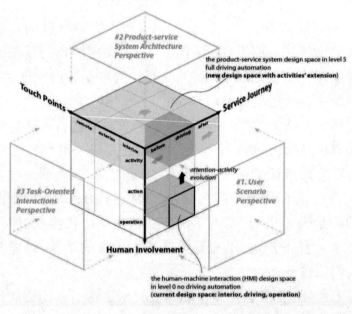

图 7-6　Figure 14. 自动驾驶产品服务系统的设计空间[①]

在产品逻辑上,我们必须考虑自动驾驶产品服务系统的三个基本维度,包括基于上文所述的驾驶员 / 用户注意力—活动变化下系统中的人的参与程度、体现具体业务流程的服务旅程以及接

---

① 图片来源于:《Designing the Product-Service System for Autonomous Vehicles》

触点,包括如何使用核心产品(车辆)和其他相关产品和系统。通过整合这三个维度(人的参与、服务旅程和接触点)去思考将为我们揭示一些新的设计机会。

第二节　基于不同终端的设计创新研究

一、创新交互设计的硬件基础

交互设计关注的就是人与机器间的互动和交流,这过程中依赖的媒介就是各式各样的硬件设备,即交互式终端,往往由输入和输出设备组成。对于设备操作的复杂性是我们在做交互设计或者用户体验设计时非常关注的因素,不同的设备和技术有不同的优势和弱势,灵活利用技术的长处能够使交互过程变得更加便捷或是充满乐趣。各种输入输出的硬件设备就是我们进行产品设计或创新的交互设计最基本的依赖和灵感来源。下面简要介绍几种最为常用的交互设备或技术:

(一)按键输入

按键输入指通过键盘按键、鼠标左右键、遥控器上的按键等等输入,这类的交互方式是最传统也是最广泛使用的,现在几乎存在于所有的电子产品里面,通过按键来传达一些设定好的命令。

优点:简单直接,最被大家熟悉和习惯,按键对应了相关的指令,使用方便。

缺点:随着功能的多元,当指令越来越复杂的时候,按键数量和组合会变得相当繁杂,在固定的大小下集成的按键越来越小,难以寻找和辨认,要熟练使用往往需要很多时间学习和掌握,而且设备所占空间较大。

未来:作为基本命令的指令按钮会继续存在于几乎所有的

电子产品中,比如开关,声音控制等,而大面积的按键设备将会逐渐被淘汰,转向不占空间集成量更大的触摸设备。

（二）触摸屏

一种融合显示器和输入设备的交互媒介——触摸屏在科技的不断发展下已成为现今人气最高的输入设备。目前,触摸屏已经广泛运用在家用、展馆、售票终端、通信设备、控制终端等领域,其对人们生活带来的便利毋庸置疑。

优点:它满足了在一个有限的平面范围可以通过层级关系提供较多比较复杂的指令集合,将输入设备和输出设备整合在一起,减少了体积占用,同时,将输入输出整合到一起也更加符合人类认知和反馈的习惯。

缺点:按压的灵敏度和准确度依然是技术上要解决的问题,而且当产品本身很小时,屏幕也变得很小,就不是那么方便使用手指点击来选择。并且大量大面积的液晶显示触摸屏的利用在成本上高过传统的按键。

未来:随着多点触摸技术和压感技术的日益提升,触摸屏也变得越来越直观和人性化。人们可以通过压力的大小来控制一直连续变化的量,如模仿人的笔触等。在各种媒体终端上,触摸屏技术将会进一步普及。同时触摸屏也会在汽车、飞机、厂房等各种需要具有电子设备的地方发挥重大作用。

（三）传感器输入设备

通过可感知无线红外线、重力感、压力感等传感器（sensors）为主的输入设备。它们通过内置的感应器来感知外界动作,如光变化、重力方向、相对位移等,通过数据传输达到控制机器的目的。如数位板上的红外线传感,Wii游戏机所使用的重力传感等。

优点:用户不用再记忆和学习大量操作和命令,操作也变得简单和流畅,容易掌握,凭现实生活中的经验就会使用。

缺点:sensor的敏感度和精确度是不变的问题和难题,还是很难模拟出和现实感觉完全一样的设备,所以用户也不得不先适应。同样的,成本和花费都大大高于传统设备。

未来:已经,并将会在娱乐游戏方面有更广泛的应用。在一些教学系统、虚拟运动、家用电器上会有比较好的应用。

(四)眼球感应设备

眼球感应是运用红外线等技术追踪来感应眼球及瞳孔的移动,达到控制方向的目的。目前此项技术尚未成熟,在残疾人等一些无法使用其他输入设备的人群中具有良好的前景。

优点:释放了双手,只需利用眼球就可以达到人机交互的目的。

缺点:眼球是人类接受信息的工具,通过眼球进行信息的输出,会影响到眼球接受信息的能力,同时,眼球过小,头部位置不固定,眨眼睛等人类行为习惯对眼球感应设备也是一个巨大的挑战。

未来:在残疾人群体的人机交互上会具有很好的发展前途。

(五)声控设备

声控设备已经经过多年的发展,技术上日渐成熟。它被应用于电话拨号、身份认证、控制终端等地方。与眼球输入设备一样,它同样释放了双手,以声带作为输入载体,通过与机器原先储存的声音进行匹配达到输入的目的。

优点:只需要动口,而且忽略输入时各种身体动作产生的影响,个人适应性强。

缺点:受到全球不同语言的限制,要在全球推广除了开发一套模式化操作发音,就只能通过开发多种语言内置匹配音库,同时,语音输入易受到周围嘈杂环境的干扰,另外识别的准确性也是一个需要解决的问题。

未来:在保安系统能够发挥比较突出的作用。同时比较多是作为其他交互方式的辅助方式来运用。

（六）投影交互

投影输入设备是通过投影仪投影,操作者通过在投影仪与投影幕之间的阻隔产生的阴影来控制机器。这也是较新的未成熟的交互设备。

优点:脱离输入硬件的限制,即使"手无寸铁"也能轻松操作。

缺点:在输入时会挡住一部分的画面,造成对反馈信息阅读的障碍。

未来:在大型展示、娱乐方面会有比较好的发展前景。

（七）三维步态定位设备

三维步态定位设备是较新的适用性比较广的交互方式。它内置有三维步态感应器,机器能够感知在三维空间内感应器的移动,从而达到在三维空间控制机器的目的。

优点:能够在传统鼠标二维的操作面上再加上一维,达到如同现实的三维空间操作的目的。更加贴近人类的生活体验,是鼠标的扩展。在三维平面或者立体显示器的支持下,它将大大改观人们对电脑的操作体验,所有传统平面的操作都将变成三维空间操作。

缺点:在三维空间中进行操作,支撑是一个问题,如何才能减少人的肌肉疲劳,同时,此项技术是在鼠标上的改进,人们依然需要一个中介硬件来实现对机器的操作。

未来可能的运用:因其操作方式与鼠标类似,在配套软件的支持下可能随着鼠标的淘汰而成为更新一代的交互方式。在娱乐,展示上也能够发挥很大的作用。

二、基于移动终端设备的设计创新

（一）移动终端设备的设计创新

移动终端设备是指可以在移动中使用的计算机设备,广义地讲包括手机、笔记本、平板电脑、POS 机、电子书设备、可穿戴设备、虚拟现实设备等。移动终端设备以其造型小巧、能耗低、操作便捷的特点快速普及。

1. 智能手机

现在的智能手机的功能十分强大,通讯、办公、娱乐、社交等功能都能有相对应的应用程序(App)实现。这些强大的功能大部分通过触摸屏技术和手势输入实现。其实,我们在设计开发时,不能够忘记手机是一款集卫星定位、陀螺仪、光敏传感、声敏传感等多种交互硬件于一身的交互设备。因此,一款 App 的设计开发,除了 App 视觉风格的开发,也包括了如何将这些交互硬件融入视觉交互的行为设计。值得一提的是,基于苹果手机与安卓手机的视觉交互设计,遵循各自不同的设计规范,形成了不同的视觉设计风格。图 7-7 所示为 HUAWEI P40 Pro+ 5G 智能手机,搭载了基于 Android 10 的 EMUI 10.1 系统,如今的 EMUI 更注重"全场景"理念,更快捷、更智慧、更易协同是它的特点。在 EMUI10.1 上,华为 P40 Pro 引入了全新的 UX 设计,除了高品质主题壁纸、带有阻尼感的流畅交互动效,此次更是有微立体 AOD 景深视觉营造,配合四曲满溢屏让视觉效果更出众。EMUI 10.1 的智慧分屏也更易用,体验更接近电脑的多视窗操作:通过从屏幕两侧向内滑动后停顿,可快速唤出侧边应用栏,长按拖动就可分屏;以往需要来回保存上传或者复制粘贴的图片和文字信息,在 EMUI 10.1 上在同一屏幕内跨两个应用窗口拖拽即可完成操作。

除了全新的 UX 设计,全场景体验更是 EMUI 10.1 的重中之重。通过屏幕左下角或右下角向上滑动,激活多设备控制中心,就可进行快关 IoT 设备、手机投屏、多屏互动协同等操作。比如通过该功能可以在智慧屏、平板之间进行高质量的双向屏幕共享和语音视频通话。通过打通 Windows 和 Android 的系统底层,华为 P40 Pro 可以在 PC 和手机之间无缝协同;比如我们经常通过社交软件或者存储介质传输的图片、文件资料、音乐、视频等,现在只需通过简单的触碰,就可在华为 P40 Pro 和华为手表、音箱、PC、平板等非手机产品之间传输共享,让移动办公的效率大大增加。

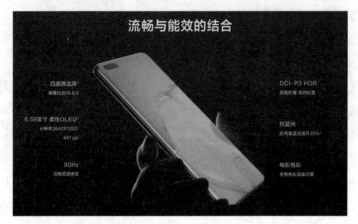

图 7-7　HUAWEI P40 Pro+ 5G 智能手机 [①]

2. 平板电脑

平板电脑以触摸屏作为基本的输入设备。平板电脑和智能手机的区别主要在于尺寸不同,导致使用场景不同。智能手机必须满足其作为手机的功能,解决的核心需求是通话。平板电脑的核心需求是满足浏览网页,满足用户移动办公、娱乐等。图 7-8 所示为 2020 年苹果新发布的 iPad pro,它的 Pro 级摄像头增加了激光雷达技术,打通了真实和虚拟的交界。激光雷达(LiDAR 光探测和测距)这项先进技术,是通过测量光触及物体并反射回来所需的时间来确定距离。特制的激光雷达扫描仪利用直接飞行时间(dToF),测量室内或室外环境中从最远 5 米处反射回来的光。它可从光子层面进行探测,并能以纳秒速度运行,为增强现实及更广泛的领域开启无尽可能。激光雷达扫描仪与 Pro 级摄像头、运动传感器和 iPadOS 内的架构协同合作,进行深度测量。这种硬件、软件与突破性创新技术的结合,让 iPadPro 成为了体验增强现实的强大装备。在新款 iPadPro 上,增强现实类 App 能

---

① https://sale.vmall.com/pseries.html?cid=70146

给人更强烈的真实感。放置虚拟物体现在能即时完成。逼真的物体遮挡功能,可让虚拟物体在现实场景结构中前后穿插。动作捕捉和人物遮挡功能也经过优化,精准度更高。这一切,都让开发者能够打造出沉浸感更进一步的增强现实体验。可以想象,在这颗激光雷达扫描仪的添加之后,iPadpro 一定会带来给我们强大的 AR 体验,也会在教育、医疗、娱乐、生活等多个领域实现应用。

3. 电子阅读器设备

电子阅读器,通常被称为电子书。虽然功能单一,但是却不得不提。它是以阅读功能为主打的数字交互产品。

例如,Amazon Kindle(图 7-8)是由亚马逊 Amazon 设计和销售的电子书阅读器(以及软件平台),是使用 e-ink 技术的便携式电子书阅读器。e-ink 技术对用户视力有明显的保护作用,因此它有替代传统纸媒书籍的趋势。所以,它对于阅读这个行为方式产生了改变。亚马逊 Amazon 是全球第一大网络书店,Kindle 竞争力除了丰富的资源外,主要特点还有它的网络支持功能,包含 WiFi 和移动网络两种网络方式,而且在价格上也明显比纸质书更有竞争力。

图7-8　ipad pro

Kindle 是创新数字内容生态系统的代表,既有领先业界的硬件设备,如 Kindle 电子书阅读器,也有题材覆盖广泛、内容深受欢迎的 Kindle 电子书库,更有跨平台(PC、MAC、iPhone、iPad 和 Android 手机和平板电脑)Kindle 免费阅读软件,为使用者提供卓越的数字内容阅读与使用体验。

亚马逊 Kindle 电子书阅读器现有 Kindle、Kindle Paperwhite、Kindle Oasis 三个系列,以及 Kindle X 故宫文化、Kindle X 敦煌研究院、Kindle X 国家宝藏等联名定制款组合,同时搭载庞大的 Kindle 电子书资源,可以为读者提供更好的阅读感受。

图7-9 所示为亚马逊发布的 Kindle Oasis,电子书阅读器 7 英寸、采用全新一代超清电子墨水触控显示屏、内置可调节阅读灯、字体优化技术、300 ppi、16 级灰度。

*以上升级点均以上一代Kindle Oasis作为比较

图 7-9　Kindle Oasis

4. 可穿戴设备

"可穿戴设备"是应用穿戴式技术对日常穿戴进行智能化设计、开发出可以穿戴的设备的总称,如眼镜、手套、手表、服饰及鞋等。可穿戴设备的商业普及应该是从智能手环手表开始的。近两年,各种技术的智能眼镜进入了非常发展期。有理由相信,可穿戴设备将会是继移动设备之后,一块交互平台开发的热土。

智能手表、手环都是穿戴在手腕处的交互设备,从产品外观上,二者的大小体积没有巨大的差别。但是二者在用户人群及其相对的功能上差别非常大。从产品外形相对简单的智能手环来说,其用户群,主要集中在追求时尚的年轻人士。因为它的主要功能是震动唤醒、睡眠追踪、运动监测、膳食记录等这类实时数据与手机、平板同步,起到指引健康生活的作用。

但从产品设计的角度来看,智能手环能耗极低、外形极简是它的两个基本产品特征。从材质来看,智能手环一般采用医用橡胶材料,天然无毒,外观设计以时尚性为主打。因其外形小巧,尤其重视色彩设计,多彩的外观非常受学生族的青睐。

智能手表除指示时间之外,还应具有提醒、导航、校准、监测、交互等其中一种或者多种功能;显示方式包括指针、数字、图像等。智能手环相对在定位上要有所不同。首先,用户人群更广且细化,追求更加个性化的用户体验设计。智能手表种类,按照用户人群可以分为:(1)成人智能手表。功能有用蓝牙同步等,有打电话、收发短信、监测运动、远程拍照、音乐播放、录像、指南针等功能,和手环一样主要满足年轻的潮流人士的需求。(2)老人智能手表。主是通过超精准 GPS 定位、亲情通话、紧急呼救、监测身体状况数据、吃药提醒等实现专为老年人定制的健康医疗信息服务功能和防止老人走丢的功能。(3)儿童定位智能手表。通过定位、双向通话、SOS 求救、远程监听等技术,起到智能防丢、家长管控、亲子互动等多功能,为孩子提供健康安全的成长环境。

图 7-10 所示为苹果公司 2020 年发布的 Apple Watch Series 6,能通过创新的传感器和 App 测量血氧水平,能时时留意你心脏的健康,还能在优化的全天候视网膜屏上,一瞥之间看清各种健身数据。血氧水平是衡量一个人整体健康状况的关键指标。它有助于了解人体吸收氧的能力,以及输送到身体中的氧气量。Apple Watch Series6 全新配备出色的传感器和 App,让使用者能在需要时测量自己的血氧水平,并能查看一天中的后台测量结果。新传感器加身,开拓新眼界。全新的血氧传感器由四组 LED 光簇和四个光电二极管组成。它集成在设计一新的水晶玻璃表背之中,与血氧 App 相互配合来判断你的血氧水平。深层照明,清晰明了。绿色、红色及红外 LED 会用光线照射你手腕处的血管,同时光电二极管会测量反射回来的光量。随后,先进的算法会通过计算你血液的颜色,来判断其含氧量。

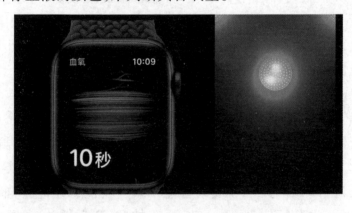

图 7-10　Apple Watch Series6[①]

5.智能眼镜

　　智能眼镜的交互技术主要有三种:(1)语音控制;(2)手势识别;(3)眼动跟踪。每种技术都有各自优势和缺陷。现实生活中,智能眼镜的普及度远远不如智能手表、手环等可穿戴设备。这一现象是值得思考和分析的。

　　华为公司在 2020 年推出的智能眼镜 Huawei Eyewear II 的设计比上一代产品更为先进。智能眼镜是技术与时尚相适应的最新产品,以华为的签名出现。这些眼镜名为 Gentle Monster x 华为眼镜 II,与以前的型号不同之处在于它们更加舒适。智能眼镜专注于一些新功能,声音控制和设计创新。Eyewear II 具有华

---

① https://www.Apple.com.cn/Apple-watch-series-6/

为的核心技术,同时还具有隐私保护功能。其半开放式超薄扬声器可有效防止声音泄漏。此外,它还为用户提供高性能的立体声。

借助语音助手的支持,眼镜可以轻松地与语音助手交互,从而使智能功能得以运行。除了使用较轻的材料来防止耳朵受压的眼镜手柄外,整个眼镜还使用了塑料钛。

眼镜手柄和镜架边缘之间的铰链由柔性钛制成。在智能眼镜中,可以说耳朵后面的手柄从 12 度增加到 20 度,因此使用起来更舒适。

图 7-11　智能眼镜 Huawei Eyewear II

与第一代产品相比,智能眼镜可以更完美地提供听音乐,玩游戏或看电视等活动。它具有更高级的开放式扬声器设置,可提供有效的声音体验。结合自适应声音技术,Eyewear II 可以自动减少环境噪声,使用户可以更好地专注于他们所听的内容,同时还可以防止对周围人的干扰。Eyewear II 支持更新的智能运动控制。因此,配对时,用户仅需轻轻挤压左侧的手柄即可。除了配对外,用户还必须点按两次左侧以激活语音助手。

在听音乐时,您可以滑动眼镜的手柄以切换到上一个或下一个曲目。检测何时摘下眼镜的传感器可以自动停止播放音乐。如果用户在 3 分钟内重新戴上眼镜,音乐将继续播放。除了智能眼镜的这些功能之外,它一次充电可使用 5 个小时,并且具有无线快速充电技术以及 NFC 非接触式支付功能。

6.计算机网站应用交互设计

技术在网站方面的应用始于 20 世纪,发展至今,许多网站都是交互式网站。如何定义交互式网站呢？交互式网站主体设计使用程序语言（ASP、PHP、Java 等），多数基于数据库，页面制作中使用辅以 JavaScript 脚本语言、GUI 界面设计、Flash 动效形成各类网站。

交互式网站加上后台控制可以生成功能强大的页面，如网上办公、网上销售、物流管理、人事管理等多种模块，大体上可分为信息类网站、事务性网站、应用类网站等。如现在大众常用的网上金融、医疗、交通自助查询等业务办理系统、学校教务管理系统和淘宝等购物网站都是交互式网站。

7. 虚拟现实技术设备

体验设计虚拟现实技术极大地丰富了我们的试听体验。因此，无论 VR、AR、MR 一般都会通过沉浸式体验设计去抓住用户。这其中，需要掌握基础的设计手法之一是叙事性设计（如讲故事）。叙事性设计，英文为 storytelling，它利用情境、沉浸、角色、气氛、情节、节奏的设计来让观众融入故事本身当中来，给用户以难度适中的任务和实时反馈以吸引用户持续的关注度。此类设计特别适用于娱乐、演出、教学展览等需要长时间吸引人注意力的活动。

2020 年 10 月 19 日，以"VR 让世界更精彩——育新机、开新局"为主题的 2020 世界 VR 产业云峰会大会拉开序幕，虚拟现实、全息投影、AI 同声传译、AI 虚拟主持人等行业最新技术一一亮相。

比如，在开幕式环节，虚拟主持人"钟小石"正式亮相。借助真人检索、面部精确重构与表情迁移等技术，"钟小石"能够高度模拟真人主播的声音、表情和动作，完成单向播报、双向互动等任务，实现了从"能听"到"会说"的技术飞跃。

图 7-12　2020 世界 VR 产业云峰会 ①

　　本次活动还开辟了一个"VR 云会场"。用户可以在相关页面中自定义自己"虚拟化身"的穿着和样貌,设定完毕后佩戴华为的 VR 眼镜,在会场的虚拟座位中"入座";不同的"虚拟化身"间可以彼此看到,并相互进行语音、文字对话;佩戴 VR 眼镜的用户只要转动头部,就可以观察到不同视角的画面。

　　"近三年来,我国虚拟现实产业发展迅速,核心技术不断突破,产品供给日益丰富,应用创新生态持续壮大,已经形成较为完整的虚拟现实产业链条。"据工业和信息化部副部长王志军介绍,我国在 VR 硬件、软件和应用方面已经实现突破。比如,硬件方面,我国在芯片、显示屏、光学模组、传感器等关键器件领域进步较快,AR、VR 头戴设备等整机产品加快上市;应用方面,随着 5G 商用进程加快,VR+ 制造、VR+ 教育等产业的发展速度明显加快。此外,突如其来的新冠肺炎疫情,让"宅经济"异军突起,也间接推动了 AR、VR 技术加速进入各类应用领域。据中国电信集团有限公司董事长柯瑞文介绍,疫情期间,有上亿网友通过对雷神山医院进行 VR"云监工",VR 会展、AR 游戏等也逐渐被人们熟知。"AR 测温等应用场景更是在抗疫过程中大显身手,成为'战疫'新亮点。"

---

① 图片来源于: https://new.qq.com/rain/a/20201019A0G0RK00

"增强现实（AR）和虚拟现实（VR），作为下一代移动计算平台，它正在促进现实世界与数字世界的融合，从而彻底改变人们工作、生活、学习和娱乐的方式。"高通公司总裁安蒙指出，AR、VR 的发展获益于智能手机上的移动技术，但未来其适用范围有望超越手机。

值得一提的是，"2020VR/AR 产品和应用展览会"也同步启幕。展览会以"融合创新，开启 VR 新视界"为主题，汇集了华为、微软、科大讯飞、创维、百度等国内外 160 家参展企业，Ximmerse、集趣、影新教育等广东初创公司也展出了最新 VR/AR 产品。

三、其他终端设计创新

（一）智能家居

如果您有过装修家居环境的经历，那么你就会发现，现代城市家居环境是离不开很多电器设备的。从几十到几百平方米的家庭环境中，空调、洗衣机、冰箱、电视、微波炉等大小家电已经成为基本配备。家居环境中，不同空间的功能布局是十分清晰的。因此从不同方面，可以详细说说从功能到交互产品设计的需求。

客餐厅用于会客以及平时家居用餐和休闲娱乐。一组桌椅、一个电视不可或缺。根据调查，现代中国家庭的娱乐中心非电视莫属。而且由于电视大屏幕的优势，它成为多人共享娱乐的最佳设备。很多基于电视的智能开发一直正在进行中。比如用电视给家人传递信息留言、用电视分享照片与视屏都能够获得更加的试听体验。电视与手机大小屏幕实现内容共享，让电视的内容获得极大拓展。另一方面，电视开发商也通过云计算等方法让电视成为连接家庭与世界的窗口，通过电视实现的网上购物、办公和信息获取等变得愈加智能。但是从设计开发人员角度，智能电视开发的技术难度在于信息输入和内容获取与计算，而设计难度，则在于对用户不断变化的新旧使用习惯迁移的把握。

别看厨房和卫生间空间面积不大，却是功能十分复杂而专业的地方。厨房兼具储藏、清洁、备菜和烹饪等多样化的功能。就烹饪而言，煎炸煮炖对于中国人的厨房来说习以为常。西方生活方式的传入，让我们的厨房又多了不少西式厨具，例如烤箱、榨汁机等。厨房的大大小小家电可能不下 10 件。怎样让我们的厨房变得更加智能，让家庭主妇（夫）从繁杂的厨房家务中解放出来，成为智能厨房研发设计的新方向。

"家"的概念，不仅包含一家居住之家的"家居"，也包含家家相邻组建成的"社区"这个单元。业主对于社区服务的多样性需求驱动着智能社区的全面发展：先进的智能楼宇系统提供全方面服务，包括智能安保服务、智能物流服务、社区医疗系统服务、社区邻里互动等。这些服务与传统人工服务不同，很大程度上依赖于新兴的智能化数字交互产品，如天眼摄像监控系统、楼宇门禁对话系统、指纹锁、新风系统、自助物流储存柜等。

（二）公共交互设施

交互产品的普及改变着每个人的日常生活，公共生活方式也慢慢发生着改变。生病的你会发现去医院前，就可以提前在家预约医生；旅途中的你在没出发前就可以选择最佳交通工具及相应的推荐路线；飞机场、商城、公园中的互动导向标牌，直观生动地指出了你所寻找的位置。智能手机手表等个人终端与公共交互设施的信息交互触发了多种不同公共交互设施的个性化服务体验诞生。

1. 信息类交互设施

公共交互设施中最基本的一类是信息服务类的交互设施。前文提到过的导向设计在公共空间（主要包括火车站、地铁、飞机场、汽车站、商场、公园等）为行人提供了基本的方向指示服务。除了指示方向，公共交通的智能化不得不提。智慧交通，包含了地铁、公交车、共享单车等。以公交车站为例,在公共汽车尚未到达前,就能够预先在站台的电子指示牌上提供即将到达车辆的信息。乘客在这样的站台通过掌握车辆预到达信息,能够更加灵活地安排自己的行程及等待车辆的碎片时间。

2. 公共交通设施

一个新兴的公共交通设施——共享单车,受到众多年轻人的追捧。共享单车的便捷和低廉,深受大众喜爱。通过手机扫描二维码开锁,行程结束后锁车,手机支付租金,为短途旅行提供了便捷的个人共享交通工具。这种基于共享理念的公共交互设施,尚有大片空间可以开发。

3. 事务性服务设施

ATM 机、自助挂号机与自助报告打印机、自助点餐、自助物流储存柜等,增加了人和机器打交道的机会。我们不得不学会和机器打交道,否则生活会越来越不方便,尤其是对老年用户而言。这是交互设计开发团队有待关注的设计盲区。

4. 个性化微体服务

设施公共空间中人们的个性化需求驱动着不同功能的新服务设施被设计研发,并应用到市场中。例如,空间大小类似电话亭的一至两人 KTV 迷你唱吧,单人证件及大头贴拍照亭,扫描即可享用的公共按摩椅……这都是极富创新且体量不大的公共服务设施。公共交互设施通过交互技术将个人终端机与公共设施连接,传递信息、发布任务、获取服务。通过创新服务模式,新的公共交互设施被开发应用,改变着我们的公共生活。

本节中提到的交互平台涉及了我们日常可以接触到的多个方面,并不是全部。这些不同类别,有的以视觉为主要信息传递或操作的主要形式,有的设备的交互设计仅仅是起到辅助作用。因此,在具体设计中,需要更具不同类型要求的设计项目去调整设计的轻重缓急,找到恰当的设计手法使其在设计团队中发挥恰当的作用。

第三节　交互设计的未来发展

未来的交互设计会进入人们生活的各个方面,嵌入式技术及计算机技术、物联网技术等高速发展,微型处理器及传感器在各类产品中的应用,使交互设计下的产品更具智能化及人性化。因此,智能化、人性化、多样化成为交互设计的未来发展趋势,将带领交互设计进入新的发展阶段。

一、智能化

智能化是指事物在网络、大数据、物联网和人工智能等技术的支持下,所具有的能动地满足人的各种需求的属性。智能化是现代人类文明发展的趋势,交互设计在智能化的设计时代,如何面对信息爆炸、云计算等新技术新变化,应该如何找到设计重心,设计难点又在哪里?这些问题,都是智能化设计时代下的交互设计需要思考和不断探索的,也反映出未来的交互设计应当是人的思维解读过程,使产品更加智能化。

二、人性化

现阶段的交互设计下的产品还无法实现完全人性化,因此,在未来的发展过程中,应当将产品做到服务于人,满足人们日益增长的物质文化需求。科技在高速发展下依旧需要将人性化作为根据设计原则。交互设计的不断发展为人们提供全新的发展理念,使人们能够站在不同视角关注生活及关注产品,在体现技术高精度发展的同时,相继关注人类需求的交互设计,从而对人们的生活图景产生影响。未来的交互设计将引导消费者自物境到情境至意境的体验,实现情感与产品的有效交互,使产品更加完美,趋于人性化,从而实现人文、科技与产品的融合。[①]

三、多样化

在产品交互设计领域,还是有很多想象空间的。它不仅仅是界面交互,更多的是要设计用户与空间、时间、触觉、视觉、听觉、嗅觉等各种感官的交互体验。随着技术的推移,界面也会逐步从二维的平面拓展到三维的空间,不管是电子纸(ePaper),还是投影技术,或是体感技术都会让产品界面变得能承载更多内容、更复杂的交互。未来的设计人员可能会使用数据手套和头盔等先进的虚拟现实设备从事交互式设计工作,操作人员则可能用语音或姿势进行直觉式输入。

回顾过去交互设计的发展历程,以及正在发生的变化,我们也许能够瞥见未来的面貌,即语音为主,体感和手势为辅的交互形式或许是最有可能的人机交互方式。当然 NUI 也不可能完全取代 GUI,就像 GUI 到现在也没有完全取代 CLI 一样,人们不会在公众场合通过语音去发个短信,或者只凭借听来"阅读"各种资讯,作家也不可能只通过说来写稿,这些场景也许还会以GUI 的交互存在。而在家中,Echo[②] 已经向我们展现了语音交互的威力,你不再需要通过拿起手机——解锁屏幕——找到想要App——找到相应功能——才能完成开电视、开灯、开空调、开窗户播放电视和音乐等任务,而是只需要和管家 Echo 说出你想要的一切,它就能替你完成。

---

① 王心贤.交互设计在工业产品中的应用及发展趋势研究 [J].科学技术创新.2019(30).
② 以语音为唯一交互形式的 Amazon Echo 销量已经接近千万,而且拥有极好的口碑,国外已经有用户通过各种 Skills 实现了用 Echo 控制家中所有的电器。

参考文献

[1]〔美〕Donald A.Norman 著；付秋芳,程进三译.情感化设计 [M].北京：电子工业出版社,2005.

[2]〔美〕Donald A.Norman 著；梅琼译.设计心理学 [M].北京：中信出版社,2003.

[3]〔美〕Alan Cooper 著；Chris Ding 译.交互设计之路 [M].北京：电子工业出版社,2006.

[4]〔美〕Jennifer Preece, Yvonne Rogers, Helen Sharp 著；刘晓晖,张景等译.交互设计——超越人机交互 [M].北京：电子工业出版社,2003.

[5]〔美〕Steven Heim 著；李学庆等译.和谐界面——交互设计基础 [M].北京：电子工业出版社,2008.

[6]〔美〕Suzanne Ginsburg 著；师蓉,樊旺斌译.iPhone 应用用户体验设计实战与案例 [M].北京：机械工业出版社,2011.

[7]〔美〕巴克斯顿著；黄峰等译.用户体验草图设计：正确地设计,设计得正确 [M].北京：电子工业出版社,2012.

[8]〔美〕库伯,瑞宁,克洛林著；刘松涛等译.AboutFace3 交互设计精髓 [M].北京：电子工业出版社,2012.

[9]〔日〕原研哉著；朱鄂译.设计中的设计 [M].南宁：广西师范大学出版社,2012.

[10]〔英〕安德鲁·理查德森编著；吴南妮译.视觉传达革命：数据视觉化设计 [M].北京：中国青年出版社,2018.

[11] 陈根.交互设计及经典案例点评 [M].北京：化学工业出版社,2016.

[12] 陈抒,陈振华.交互设计的用户研究践行之路 [M].北京：清华大学出版社,2018.

[13] 代福平.信息可视化设计 [M].重庆：西南师范大学出版社,2015.

[14] 董建明,傅利民,饶培伦.人机交互：以用户为中心的设计与评估(第 4 版)[M].北京：清华大学出版社,2013.

[15] 范凯熹,胡晓琛.信息交互设计 [M].青岛：中国海洋大学出版社,2015.

[16] 宫晓东,边鹏,魏文静.交互设计 [M].合肥：合肥工业大学出版社,2016.

[17] 顾振宇.交互设计：原理与方法 [M].北京：清华大学出版社,2016.

[18] 海姆.和谐界面：交互设计基础 [M].北京：电子工业出版社,2007.

[19] 胡飞/编.聚焦用户：UCD 观念与实务 [M].北京：中国建筑工业出版社,2009.

[20] 黄琦,毕志卫.交互设计 [M].杭州：浙江大学出版社,2012.

[21] 科尔伯恩著；李松峰,秦绪文译.简约至上：交互式设计四策略.北京：人民邮电出版社,2011.

[22] 李乐山.人机界面设计 [M].北京：科学出版社,2004.

[23] 李世国.体验与挑战——产品交互设计 [M].南京：江苏美术出版社,2007.

[24] 李四达.交互设计概论 [M].北京：清华大学出版社,2009.

[25] 李旋,王科,余万.网站的视觉交互设计研究 [M].电脑迷,2018（11）.

[26] 廖国良. 交互设计概论 [M]. 武汉：华中科技大学出版社，2017.

[27] 廖宏勇. 信息设计 [M]. 北京：北京大学出版社，2017.

[28] 刘伟. 走进交互设计 [M]. 北京：中国建筑工业出版社，2013.

[29] 刘扬，吴丹. 网络广告交互设计 [M]. 重庆：西南师范大学出版社，2013.

[30] 罗涛. 交互设计语言：与万物对话的艺术 [M]. 北京：清华大学出版社，2018.

[31] 欧阳丽莎. 视觉信息设计 [M]. 北京：北京大学出版社，2017.

[32] 彭冲. 交互式包装设计 [M]. 沈阳：辽宁科学技术出版社，2018.

[33] 宋方昊. 交互设计 [M]. 北京：国防工业出版社，2015.

[34] 孙皓琼. 图形对话——什么是信息设计 [M]. 北京：清华大学出版社，2011.

[35] 王传东. 设计色彩学 [M]. 济南：山东美术出版社，2007.

[36] 吴旭敏，王敏. 基于用户体验的网页交互设计研究 [M]. 艺术教育，2017.

[37] 席涛. 信息视觉设计 [M]. 上海：上海交通大学出版社，2011.

[38] 许丽云. 视觉传达设计中的信息设计 [D]. 北京：北京服装学院，2007.

[39] 严晨，唐琳，杨虹. 网页交互设计基础与实例教程 [M]. 北京：北京理工大学出版社，2016.

[40] 杨洁. 视觉交互设计 [M]. 南京：江苏凤凰美术出版社，2018.

[41] 由芳. 交互设计：设计思维与实践 [M]. 北京：电子工业出版社，2017.

[42] 张劲松,吕欣,余永海.跨界思维 交互设计实践 [M].杭州:浙江大学出版社,2016.

[43] 张毅,王立峰,孙蕾.信息可视化设计 [M].重庆:重庆大学出版社,2017.